U0179812

建筑
杂话

记忆与传承

消失于古村落记忆里的故事

张克群 著

机械工业出版社
CHINA MACHINE PRESS

本书通过简明的建筑讲解、有趣的历史和故事、诙谐的语言风格，展现了中国古村落、古城古镇的隐秘角落中辉煌的民间建筑风采。不过与其说这本书是介绍建筑，不如说是个小型的建筑展览。村镇的建筑大多数是民居，未经大师之手设计，也谈不上什么流派，但却反映出普通百姓的爱好和寄托，以及民间匠人精湛的技艺。小小一本书，带你踏上寻根之旅，走近那些渐行渐远的民居村落，走近那永不消逝的乡愁记忆。

图书在版编目（CIP）数据

记忆与传承：消失于古村落记忆里的故事 / 张克群著. —北京：机械工业出版社，2019.12

（杂话建筑）

ISBN 978-7-111-64078-3

Ⅰ.①记… Ⅱ.①张… Ⅲ.①村落—古建筑—介绍—中国 Ⅳ.①TU-092.2

中国版本图书馆CIP数据核字（2019）第243133号

机械工业出版社（北京市百万庄大街22号　邮政编码100037）
策划编辑：时　颂　赵　荣　责任编辑：时　颂　范秋涛
责任校对：王　延　梁　静　封面设计：鞠　杨
责任印制：孙　炜
北京联兴盛业印刷股份有限公司印刷
2020年1月第1版第1次印刷
148mm×210mm·5.375印张·2插页·147千字
标准书号：ISBN 978-7-111-64078-3
定价：49.00元

电话服务　　　　　　　　网络服务
客服电话：010-88361066　机 工 官 网：www.cmpbook.com
　　　　　010-88379833　机 工 官 博：weibo.com/cmp1952
　　　　　010-68326294　金 书 网：www.golden-book.com
封底无防伪标均为盗版　机工教育服务网：www.cmpedu.com

序

妈妈领着年幼的我和妹妹在颐和园长廊，仰着头讲每一幅画的意义，在每一座有对联的古老房子前面读那些抑扬顿挫的文字，在门厅回廊间让我们猜那些下马石和拴马桩的作用，从那些静止的物件开始讲述无比生动的历史。

那些颓败但深蕴的历史告诉了我和妹妹世界之辽阔、人生之倏忽，和美之永恒。

从小妈妈对我们讲的许多话里，迄今最真切的一句就是：这世界不止眼前的苟且，还有远方与诗——其实诗就是你心灵的最远处。

在我和妹妹长大的这么多年里，我们分别走遍了世界，但都没买过一尺房子，因为我们始终坚信，诗与远方才是我们的家园。

妈妈生在德国，长在中国，现在住在美国。读书画画、考察古建筑，颇有民国大才女林徽因之风（妈妈年轻时容貌也毫不逊色）。那时梁思成与林徽因两位先生

iii

在清华胜因院与我家比邻而居。妈妈最终听从梁先生读了清华建筑系而不是外公希望的外语系，从此对古建筑痴迷一生。妈妈对中西建筑融会贯通，家学渊源又给了她对历史细部的领悟，因此才有了这部有趣的历史图画（我觉得她画的建筑不是工程意义上的，而是历史的影子）。我忘了这是妈妈写的第几本书了，反正她充满乐趣的写写画画总是如她乐观的性格一样情趣盎然，让人无法释卷。

从小妈妈教我琴棋书画，我学会了前三样并且以此谋生，第四样的笨拙导致我家迄今墙上的画全是妈妈画的。我喜欢她出人意表的随意创造性。这也让我在来家里的客人们面前常常很有面子——"这画真有意思，谁画的？""我妈画的，哈哈！"

为妈妈的书写序想必是每个做儿女的无上骄傲。谢谢妈妈，在给了我生命，给了我生活的道路和理想后的很多年，又一次给了我做您儿子的幸福与骄傲。我爱您。

前言

近年来，不少人似乎都得了一种传染病：爱往大城市里钻，越大的城市，钻进来的人越多。就连出了国，都爱上人家的大城市扎堆去。一边唱着"天边飘过故乡的云"，一边宁可在陌生的大城市里漂着，也不在自己的故乡看熟悉的云。

可是古人却不然：往往是哪儿人少上哪儿去。这跟古代战乱不断有很大的关系。一打仗了，就举家迁徙。从三国到宋朝，不断地有北方人往当时尚属荒蛮的南方跑。到了那里，经过几十代人的努力，在一片不毛之地拳打脚踢地啃出一块地来，然后繁衍生息并得以安居乐业。因为是举家乃至举村搬迁，他们被统称为"客家"。人们在新居里都特别团结友爱。无论家族上下还是邻里左右，尊老爱幼、相处和睦成了这些外来村民的共同优秀品质。

在这类的老"新村"里，祭祖是他们的精神支柱、团结的核心甚至是做人的戒律：千万别干对不起祖宗的事。与此对应的，祖庙、祠堂就是村落的主要建筑，类似于欧洲村子里的尖顶教堂。

这些村落因为地处偏远，很少引人注目，自然也就很少被打搅。以至于我们这些生长在大城市的人很少走近、了解、理解他们。当你一旦看到这些淳朴的人和事，你会很是震惊，然后是些许自惭、些许羡慕。

本书与其说是介绍建筑，不如说是个小型的建筑展览。村镇的建筑大多数是民居，未经大师之手设计，也谈不上什么流派，但却反映出普通百姓的爱好和寄托，以及民间匠人精湛的技艺。尤其是可以勾起外出游子对家乡曾经的记忆。这便是本书的起意了。

沈克昌年

目录

彩图 1-1　安徽呈坎村远眺

彩图 1-2　湖南板梁村半月形水塘

彩图 1-3　湖南张谷英村连片的屋顶

彩图 1-4　江西白鹭村王太夫人祠

彩图 3-1 广州陈氏宗祠街景

彩图 3-2 广州陈氏宗祠正殿屋脊

第一章　村子里有什么

故人具鸡黍，邀我至田家。

绿树村边合，青山郭外斜。

开轩面场圃，把酒话桑麻。

待到重阳日，还来就菊花。

——（唐）孟浩然

我国长期以来是以农耕文化为主的国家。五千年来的文明、文化，尤其是建筑文化，很大程度上是在广大的乡村里。我的老师陈志华先生说过："不研究乡村，就没有完整的中国建筑史。"大量乡土建筑虽然不能登上大雅之堂，在建筑史里也没什么地位，却真实地反映出农耕文明和广大农村的社会生活。这是我们的一份宝贵遗产。

由于人力、材料和需求等诸多因素，乡土建筑外形一般都很简朴但不失精美。也幸亏乡村的社会结构和变迁不像城市那样大，才使得这些民间建筑和风俗得以保存。

让我们到若干省、若干村去参观领略吧。

一、浙江

1. 亲戚村——桐庐的三个村子

人有称亲戚的，村子为什么也是亲戚呢？说来话长。

百家姓第 428 名有个复姓：申屠。说实话，长这么大我还没听说过有这么一个姓呢，孤陋寡闻啦！这个申屠家原本住在北方，今天的陕西、甘肃一带。那里叫屠源。西汉末年，为躲避战乱，申屠氏举家南迁，在今杭州桐庐的荻浦村落脚为生。那咱们就先瞧瞧荻浦村吧。

荻浦村，名字来源于生长在水边的荻草。如今全村 2500 人，有五分之四的人姓申屠。

荻浦村的祠堂里有一幅长联。

上联是："木本自屠山木郁荻葱唯愿枝枝高百丈"

下联是："水源连范井水流浦纳还期派派聚明堂"

上联告诉子孙后代，我们原本是屠山人，在这里扎根并发展，下联是说不能忘了范家，这是我们的血脉所在。

为什么提范家呢？这里有一个真实的故事，说北宋年间，有一个叫申屠理的穷小子爱上了荻浦村有钱人范家的大小姐，蒙范家不弃，入了赘。按那时候的规矩，俩人生的孩子本应姓范，但范家的闺女觉得范家自己人丁够兴旺的了，反倒是外来的申屠家比较凋零，于是请求父母允许他俩的孩子姓申屠。老范家还真开通，爽快地答应了。自此以后，申屠家在荻浦村日益兴旺发达起来了，并且发展成了一个新的村子——深澳村。这么说来，深澳村是荻浦村的女婿村。

这位申屠理不但入赘不改孩子的姓，而且受到老丈人和丈母娘的厚待，终生念念不忘。临死时留下祖训："永言孝思，终身行孝"。听着对仗不怎么工整，可能文化不高吧，但荻浦村的人世代听话，把"孝"字视为做人的头等大事。在他们心里，这个字是博爱的起点。

首先是爱自己的父母，然后推广到爱别人的父母。

知恩图报的申屠理在村里建的第一个设施是一口井，起名叫范家井（图1-1）。意思很明显，就是吃水不忘挖井人，自己永远记得范家的好。

申屠理的后人申屠培佑靠做草纸发了家，光绪九年（1883年）建了这个村第一座大屋——佑承堂（图1-2）。这座建筑的一大特点是八间屋子用廊道给连了起来，儿孙们虽然各住各家，但联系起来十分便利。在这种尊老爱幼的和谐气氛里，他家繁衍出了300口人。

图 1-1
范家井

图 1-2
这是申屠氏祠堂里申屠
理夫妻的画像

佑承堂的建筑本身跟一般祠堂没什么大区别。令人惊诧的是它室内的木雕。还有一个保庆堂，也是木雕琳琅满目的。保庆堂柱子上有各色牛腿30多个。梁上各类木雕多达400多处。简直就是个古代木雕展览馆！其细致、其生动都可算是木雕的精品。北京的皇宫里都没这么好的木雕。可见为自家干活，积极性高涨啊（图1-3~图1-5）。

获浦村人有一个他们自己的节日——时节，又叫敬老节。这个节日从农历十月二十一日到二十三日，要一连过三天。在外地的儿女们在这一节日里一定要回来。其隆重程度赛过北方地区的春节。远道而来的女儿要给爸爸做肘子、给妈妈烧鱼。各个"堂"里名副其实地"欢聚一堂"。

图1-3　木雕之一

图1-4　木雕之二

荻浦村还有一个十分壮丽的石牌坊，上面两个大字"孝子"道出了建牌坊的由来（图1-6）。清乾隆年间，有一男子申屠开基，他的父亲得了疽（jū），也就是生了大脓疮。大夫都说没治了，可申屠开基愣是用嘴一口一口把疽里的脓血全部吸了出来。老爸的病因此竟然慢慢好了。自此以后，他越发精心地照顾父母。夏天轰蚊虫，冬天暖被窝，是个现实版的二十四孝。乾隆三十五年（1770年），申屠开基去世。全村的文化人感念他的事迹，写了一本关于他的书，上报给县官。后经层层落实，到了皇帝手里。乾隆皇帝连高兴带感动，拿起御笔写了"孝子"俩大字和一段短文，并且作为模范孝子的楷模，批准荻浦村给他修一座三间四柱五楼（五个房顶）的石牌坊。

图1-5　木雕之三　　图1-6　孝子牌坊

细看孝子牌坊下面一行的小字题字，是"旌已故孝子乡饮介宾申屠开基"13个字（图1-7）。"旌"，意思是表彰，"乡饮"是本土的意思。那么"介宾"是什么意思呢？几经询问，原来这是古代"模范"的意思。串起来就是"表彰已故孝子，本村模范申屠开基"。

图 1-7
孝子牌坊细部

还有一个孝子，他不姓申屠而是姓姚。但他母亲申屠妙玉是申屠家的，年轻时嫁到了姚家。35岁那年，妙玉的丈夫去世，她带着肚子里的孩子回到荻浦村，靠哥哥养活着。孩子生下来，起名姚夔（kuí）。靠舅舅养大的姚夔后来当了大官，官拜礼、吏两部尚书，为明英宗、代宗、宪宗三代朝廷元老。因为官清廉，老百姓喜欢叫他姚天官。姚夔不忘娘舅和荻浦族人的资助，报恩心切，明成化四年（1468年），他出资重修香火厅为娘舅做寿，并按母亲的意思，将香火厅改名为"保庆堂"。在保庆堂的院子当中还修了一个戏台（图1-8）。逢年过节的，姚母总要出钱请戏班子来唱戏，并请全村的人都来看。

这个戏台跟保庆堂的一样，浑身上下布满了木雕（图1-9~图1-11）。老实说我看着都起鸡皮疙瘩。太细了！太多了！

图 1-8　戏台全貌

图 1-9　戏台大梁、牛腿等细部木雕

图 1-10　戏台的一个牛腿

图 1-11　窗间装饰

当年太后寿诞，朝中百官及家眷皆送金银珠宝祝贺，只有姚夔送上了姚母亲自缝制的绣花鞋一双。原来姚夔为官清正，并无积蓄，拿不出像样的贺礼。自己的母亲是大脚，想起有一次窥见太后裙下也是一双大脚，于是连夜请母亲赶制了一双大鞋。不想太后竟对金银珠宝毫不稀罕，穿上姚母缝制的绣花鞋反倒感觉十分舒适，欣喜异常。

申屠氏族人为纪念姚母教子有方，为荻浦培育出了如此杰出的外甥儿郎，也向姚母索要绣花鞋一双，置于花厅，族里自此有了新规定：族中每有婚嫁，新娘必要来保庆堂踏一下姚母的绣花鞋，沾沾福气，期望能培养出像姚夔这样有出息的后代。这个风俗在村里称为"踏脚迹"。

由此，获浦村人人提倡简朴。这一传统被刻在了住宅的大梁上，抬起头来就可看见（图1-12）。

1920年，保庆堂因为历经数百年已陈旧不堪，族中商讨修缮一事。单说戏台前檐下的两支龙头梁就是宗亲万众一心修堂的见证。这棵从距村两华里的大山坞采购来的樟树木，直径1.5米，长10余米，需整棵搬运。当时并无大型运输工具，于是100多人扎成"蚂蚁杠"，如蚂蚁搬家似的，整整运了三天才搬到获浦。古戏台的修建之难与获浦村人的齐心协力由此便可窥见一斑。

近年来，这里又有一位孝子的事迹为人传颂。前些年，申屠开基的第八代孙因为看到祖宗的老宅兰桂堂破败不堪，自己又无力修复，竟然急病了。这一来可吓坏了他在北京工作的儿子申屠忠君。儿子一面谴责自己的粗心，竟然没有揣摩到老爸的心思，一面放下自己的工作，回到了老家，雇了几个木匠，连上自己亲自动手，用了三年的时间修复了兰桂堂。之后，老爸的病也好多了，从根本不能进食，靠鼻饲维持生命到自己能吃饭了。申屠忠君说，这样做才能无愧于祖宗，无愧于那座孝子牌坊。

图1-12
"勤俭传家"
的祖训

榜样的力量是多么伟大啊!

再来看看获蒲村的女婿村——深澳村。

深澳村的名字是怎么来的呢?敢情不是它要申办奥运会。当初建村子的人设计了一整套的水利设施。他们把村外的河水引入地下的暗渠,再在村里的街头巷尾的一个个深凹里设取水口。当地人把这些取水口称为澳口(图1-13)。它位于地平面以下,面积比井大,比池塘又小,够俩老太太蹲在边上洗衣服的。

深澳村的东边有一条河叫应家溪。从应家溪引了一条河到西边,叫紫溪。两条溪水夹着村子,水的供应是充足了。再加上溪边生长的草儿十分茂盛,所以沿河三个村的祖宗大部分靠做草纸为生。这个营生太好了,吃喝拉撒的第三、四个字全都得用它。人均消耗量绝对大。

图1-13
所谓的澳口

深澳村的申屠氏宗祠始建于明成化年间。估计混到这会儿他们的财力充足了，有钱建宗祠了。以北宋末年（1127年）创建村子时计吧，到明成化元年（1465年），都过去300多年啦！才想起祖宗来，可见到一个新地方，创业之艰难。

清代，申屠氏的日子更加好过了，又扩建了宗族祠堂攸叙堂，使之成为五开间三进，占地面积800平方米的大厅（图1-14）。如今的攸叙堂是清康熙年间重修的，也有快300岁啦！

这个祠堂的建筑风格是南北兼收的，南方细致的木雕和北方粗犷的石雕在这里共同支撑着祖宗的祠堂，说明他们的后人虽然都操一口杭州话，却始终不忘自己的根在北方。

再有就是怀素堂。它不是公共建筑，而是一个大户人家的宅院。在桐庐，凡大户人家的房子都叫什么堂。

图1-14 村里的申屠氏宗祠

怀素堂始建于清嘉庆十年（1805年）。此宅院里的木雕能让你看得惊掉了下巴。它的大梁因其优美的曲线形状，称之为"月梁"。牛腿是柱子和梁之间的支撑、连接构件，上大下小，顶部有承台。它有个学名叫"撑拱"。在这里，"牛腿"这个听着不怎么雅的东西成了木匠们显示高超的雕刻技艺的好物件。据说一个牛腿要80个工才能完成。也就是说，一老木匠抱着一个木头疙瘩摆弄几乎俩月，才能完工。小小牛腿上花鸟鱼虫、文武百官无奇不有。在这里，门扇、窗棂也都细细地布满了木雕。用一句话形容，就是："无处不雕，无雕不精"（图1-15~图1-17）。

图1-15 狮子形牛腿

图1-16 横梁下的木雕

图1-17 月梁

恭思堂也是一处民居，而且是深澳村规模最大的民居。整个建筑群有七个天井，号称七井房（图1-18）。这种天井既能采光通风，又能聚集雨水，因而叫"四水归堂"。图1-19所示的这类院子往往是一个公共场所。左、右两边的门各通向一家。天井四周也布满了木雕。有吉祥花卉、神仙瑞兽、三国水浒、忠孝节义等题材，让你一抬头就受教育，被熏陶（图1-20~图1-22）。

图1-18　七井房之一的天井

图1-19　七井房之一的院子

图 1-20　门上方的木雕：画中所描绘的简直是一个伊甸园。有山，有水。船在水中走，马在桥上过

图 1-21　木雕之一：画里仿佛一老者出门迎客，要不就是回家

图 1-22
木雕中三国里
的场景

第三个村，徐畈（fàn）村。显然是不少居民姓徐。他们是南宋年间迁到这里来的金华徐偃王的后代。这姓徐的跟申屠家又有什么关系呢？敢情徐氏是申屠氏的姻亲。因为离得近，徐氏常有闺女嫁到申屠氏的荻浦村或深澳村。这两个村也有嫁到徐畈村的。久而久之，村里姓申屠的人也越来越多了，多到也在村里建了申屠氏宗祠（图1-23）。

图 1-23
徐畈村的申屠
氏宗祠

仨亲戚村，每个村里都有一座申屠氏宗祠。有意思吧。

不过人家徐氏也还有自己家的宗祠——徐庆堂。应该说，这是村中最出彩的建筑了。到底人家是坐地户啊。

人家说了，光是耕田不读书，没有思想。光是读书不耕田，吃什么呀。"耕、读"两个字体现了徐畈村先人的处世理念（图1-24）。

图1-24 徐畈村老宅木雕，嘱咐后世要耕、读

2. 桐庐的严子陵——不爱当官爱钓鱼

严子陵钓台位于浙江桐庐县南15公里富春山麓，是浙江省著名旅游胜地之一。富春山面临富春江，显然是个钓鱼的好去处。

某个人钓鱼的地方，怎么就成了著名的景点了呢？这得说一说这位爱钓鱼的人——严光。

图 1-25
严子陵钓台牌坊

严光，字子陵，是东汉文士，会稽余姚人。严某小时候与刘秀（后来的汉光武帝）是要好的同窗。刘秀起兵时，严光还积极地帮助过他这位发小。刘秀称帝之后，几次三番邀请严光出山做官，二人甚至曾同床共卧，畅叙达旦。然而严光也不知道是天生不喜欢当官，还是不喜欢刘秀这个人，总之是坚决不干。架不住刘秀老是派人来烦他，到后来他干脆隐姓埋名，跑到风景秀丽的富春江畔钓鱼去了。后人皆称颂严光高风亮节，不为高官厚禄所动。

其实我觉得不爱当官也未见得就是什么优秀品质。都不当官，谁来治理国家呀？但是有人喜欢严光。这就是宋代大文人范仲淹。

范仲淹于宋仁宗明道年间被贬谪至睦州（今浙江桐庐、建德、淳安），因为自己的遭遇，因此痛恨朝廷，转而喜欢不为朝廷干活的严光。他出资修建了严子陵的祠堂、牌坊等，一来抒发自己的情绪，二来也供后人奉祀（图1-25~图1-27）。

图 1-26　牌坊细部

图 1-27　牌坊上的雕刻

3. 建德新叶村——耕可致富，读可修身

新叶村建于南宋嘉定十二年（1219年）。那会儿南宋正在跟金兀术打仗，一个叫叶坤的人为躲避战乱，带着全家老小来到玉华山下，看看这里没多少人，就搭了间茅屋，开始开荒种地。因此村口的石牌坊上开宗明义地写着"耕读人家"取"耕可致富，读可修身"之意（图1-28）。

由于这村以村后的玉华山为主山，所以新叶村的叶家被称为玉华叶氏。从玉华叶氏第一代到这里定居后，历经宋、元、明、清、民国至今，已有780年历史。一直没有间断地保持着血缘的聚落，繁衍成一个巨大的宗族。

元朝时，村里来了一位书生名叫金履祥。他因为考了7次都没中举，显得垂头丧气的。叶氏第三代传人东谷公叶克诚（1250—1323）慧眼识人，一眼就看出老金肚子里有墨水，就请他教村里的孩子读书。这一来出现了一个奇怪的现象：满村子的人都不怎么爱当官却爱当老师。

图1-28 村口牌坊

叶克诚不但热心教育，还奠定了新叶村的总体格局和建筑秩序。叶克诚穷其毕生精力，为整个宗族的村落定下了基本的位置和朝向，还在村外西山岗修建了玉华叶氏的祖庙——西山祠堂，并修建了总祠"有序堂"和"文昌阁"（图1-29、图1-30）。之后，叶氏族人便以"有序堂"为中心，逐步建起了房宅院落，成为后来的新叶村之雏形。

在有序堂里，过去凡中举人、进士的都要张榜公告。如今榜上有名的是历年考上大学的村里的年轻人。

图1-29 有序堂

图1-30 文昌阁

村里为鼓励孩子们读书，有一个极有趣的办法：奖励粮食。过去，每年春节大祭之后要在总祠堂给学生发奖。考中举人的，每人奖谷子6石（600斤哪！）、进士8石。这些粮食都是村民们贡献出来，入村里的粮库。如今每年7月奖励各层次的学子：小学毕业的每人奖4个馒头、中学毕业8个、大学毕业16个。考上大学的孩子们临走时还要到有序堂来接受村里给的奖学金。

每年9月1日，村里要在文昌阁举行"开笔礼"。这个传统已经延续了600多年了。仪式是孩子们在老师的带领下，齐声诵读本村第一位进士写的《勉儿曹》。

不幸的是，从元代到明代，竟无一人中举，连个范进都没出来。有位号称百崖公的掐指一算，说是风水不好，决定建一塔，起名抟（tuán）云塔。"抟"字有鸟儿向高空飞翔的意思。起名字时取的是庄子的"抟扶摇而上者九万里"。这显然是希望孩子们努力向上。百崖公嘱咐孩子们说，不能一味地追求功名，要像这座塔一样，扎根于土地里才能稳如泰山。他写下了"谋生唯有读书高，试把书高训尔曹"的句子。在抟云塔边上还建了一座祠堂，当作学堂用（图1-31）。

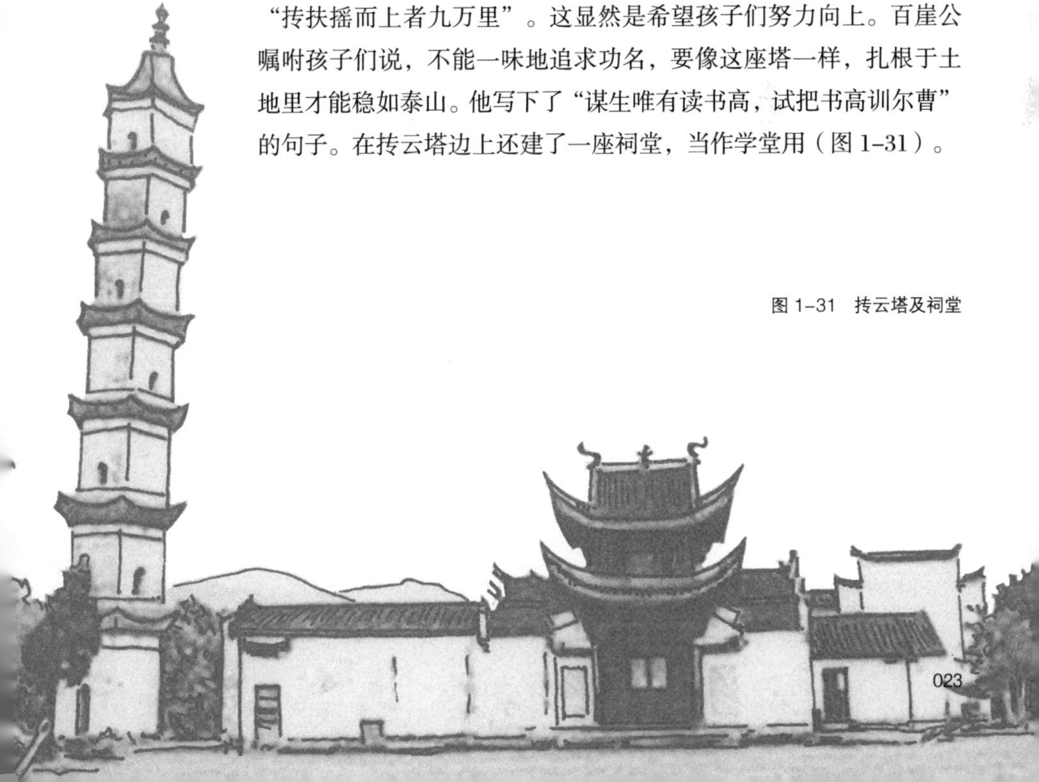

图 1-31　抟云塔及祠堂

也不知道真是建塔的功劳，还是先生们教学方法有了改进，又或许是那几百斤谷子的诱惑，清康熙十一年，本村终于有了第一名举人，后来又中了进士。

新叶村人重视教育还表现在修路上。通往学堂的路是全村最好的路。

像一切热爱自己村子的人一样，新叶村的建筑也是精雕细刻得热闹之极。请看下面的几张图（图1-32~图1-35）。

图1-32　祠堂内部。可以看出木雕花哨的牛腿

图 1-33　祠堂的屋角

图 1-34　牛腿之一　　　　　　　　　　　　　　　　图 1-35　牛腿之二

祠堂是村民祭祖的场所。每年的农历三月三,新叶村都会举行盛大的祭祖典礼,其在叶氏族人心目中的地位和热闹程度都要远胜于"中秋""春节"等传统节日。

这个村读书氛围之浓,从一位以磨豆腐卖豆腐为生的老者叶顺富身上可见一斑。叶老爷子每天早上3点起床开始磨豆腐,6点和老伴一起挑着豆腐挑走街串巷去卖。不管卖得完卖不完,8点准时去学校念书。他牢记自己的爷爷告诉他的话:"方方正正写字,堂堂皇皇做人"。下了学就练字。他在废报纸上写的字装了十几麻袋,有一千斤重! 每年三月三村子里书法比赛,他都去参加,为的是得到一份殊荣:给村里的祠堂写对联。

还有一件事值得一提:为了能让村里的孩子有图书馆可去,村里5位退休教师联合起来办了个村图书馆。地方是村里批的,可书打哪儿来呢? 他们5个写了300多封信,寄给本村在外地工作的人,请他们捐书,并为了表彰捐书者,在每本书后面都细致地贴上捐书人的姓名。15年里,他们收集到了12000多本书,使得村图书馆成了不少孩子乃至大人最爱去的地方。

这可都是现在的事。神了吧? 一个村子!

4. 南浔古镇——水边的恬静

江浙的水乡美得令人心醉。那里的民居也是依水而建。但那水不像安徽那样细小,而是真正的河流,可以走大船,当然,也可刷马桶淘米什么的(图1-36~图1-38)。

在浙江北部太湖南岸的湖州,有个镇子,名叫南浔。北宋初期,此处村落规模初具,百姓多以养蚕和缫丝为生。因为常跟洋人打交道,

图 1-36 弯弯的小河

图 1-37 水边人家

图 1-38
风俗依旧

不少建筑盖成了中西合璧式。到了南宋，这里已是商贾如云，遂定下现在的名字：南浔。有钱了，就要送孩子念书。宋、明、清三朝，这里出了 41 名进士、56 名京官。大概因为这里产毛笔，读书人比别处多些。

建于明代的百间楼屋，是明代礼部尚书董份的家产。后经扩建，形成了河的东西两岸 300 多米长的楼屋。在这些楼屋里，既有不得志的尚书的书屋，也有传说中西施洗过妆的洗粉兜，更有清代文字狱时冤死一家子几百口的庄氏宅院。

关于洗粉兜，还有一个故事。越王勾践为了麻痹吴王，以实现他的复仇计划，派大夫范蠡带着西施去献给吴王。去姑苏的路上在这里过夜。西施想到过几天就要去侍奉吴王，决心以她原来的面目——一个村姑去死。她来到屋外的小河旁，洗去脸上的粉脂，摘下头上的钗环，就要投河自尽。正在此时，焦急万分的范蠡找到了她，对她晓之以理，动之以情。一席话说得西施放弃了死念，重新梳妆起来。从此，人们就把百间楼附近的这段河称为洗粉兜。

5. 庆元——廊桥之乡

在浙江省南部，紧挨着福建的地方，有个县叫庆元。比起河湖纵横的南方，庆元县更胜一筹：在这个 1898 平方公里的小县里，竟然有大小 926 条溪流。溪流多了，就得建桥。在这个雨水丰沛的地区，桥上还多半要加盖子，这就是廊桥。据光绪版的《庆元县志》记载，有宋以来，修建的大小廊桥有 230 座。至今保存的尚有 100 多座。

大家可能都看过一部美国 20 世纪 90 年代拍的电影《廊桥遗梦》(The Bridge of Madison County)。要是电影里那位给国家地理拍相片的金先生看见这里的廊桥们，还不得乐疯了！

庆元县廊桥最集中的有几个村子。其中大济村的双门桥是有文字记载以来最古老的廊桥了。它建于北宋皇祐元年（1049 年）。建这座桥的原因挺有意思，它是由于吴姓家族在 10 年内出了两位进士，他们还是哥俩。村民一高兴，集资建了这座廊桥。在明代和 1992 年，此桥两度集资重修，至今保存完好。

从图 1-39 可以看出，这座桥两头都有大门状的装饰，因此叫双门桥。

图 1-40 所示是其中的一座门。好热闹啊！尤其是房顶上。那图案怎么瞧怎么像是蜗牛啊。

廊桥内部有好几个造型各异，供人向外张望的窗。

最令人惊奇的是桥下的木结构（图 1-41）。看着没什么特粗的木头，都是由七长八短的木棍子相互支撑着，竟能塑造出跨度相当大的桥拱来。建议结构工程师们好好研究一下。真是高手在民间啊！

图 1-39　大济村双门桥

图 1-40
双门桥的其中一
座门

图 1-41
双门桥下部结构

至于最高大的廊桥，要算是庆元县月山村举溪上的如龙桥了（图 1-42）。这座桥是此类构筑物里唯一被评为国家级文物的"名人"了。请看：

其实下头的溪水并不大，但廊桥很具规模。一头高起来，好似龙头高昂，因此得名。

让我们仔细看看这个龙头，以及廊桥内部的木结构吧（图 1-43~ 图 1-46）。

如龙桥内部除了粗大的柱子，还可以看见两侧的坐凳。这里常常聚集着村里纳凉的、聊天的人群。

图 1-42　如龙桥

图 1-43　龙头

图 1-44　月梁

图 1-45　双向垂直的斗拱

图 1-46　粗大结实的牛腿

举溪的下游，还有一座名叫来凤桥的廊桥，无论位置或名字都与如龙桥遥相呼应。

除此之外，小小的举溪上还有一些根据河宽不同而建的大小各异，争奇斗艳的廊桥（图 1-47~图 1-51）。

漂亮吧！馋死《廊桥遗梦》！

图 1-47　举溪上的另一座桥——来凤桥

图 1-48
举溪上的小桥

图 1-49 江廊桥一

图 1-50 江廊桥二

图 1-51 江廊桥二的桥头

6. 廿（niàn）八都——三省交界，使用九种方言

这个古镇离着江山县城有 70 公里，处于浙闽赣三省交界处（图 1-52~图 1-56）。古时候，这里只是个小驿站。北宋熙宁四年（1071 年）设都，也就是说有了政府。于是往来的商贾便繁荣了小镇。问题是，这个名字是怎么来的呢？

廿八都在一座名为仙霞岭的高山深谷之中，原来交通很是闭塞。唐乾符四年（877 年）黄巢起义军途经这里去攻打福建，在崇山峻岭间开辟了这条仙霞古道。由此，这里开始与外界有所沟通。

北宋时期，朝廷在浙江南部设了 44 个都（相当于村子），这个小镇排行 28，当地人称"廿八都"。因为地处三省交界，镇上有 9 种方言和 130 余种姓氏。基本上你说什么人家都听得懂，可人家说什么估计你都听不懂。

图 1-52　珠波桥是进入古镇的必经之路

图 1-53　巷子与老人

图 1-54
文昌殿的华丽
显出了当地人
对文化的尊重

图 1-55 都府衙门

图 1-56
某一民居的装饰,
牛腿都龇牙咧嘴的

这里的商人外出经商后荣归故里的要盖些特殊风格的房子。比如见过上海的,要来点洋派的(图 1-57、图 1-58)。

图 1-57
洋房之一

建筑形式虽然有点洋味，可细部装饰还是中国的。你看这个圆圈里是什么？空城计！诸葛亮在房檐底下弹琴，老兵站在门里门外（图1-59）。

因为往来的人籍贯跨了三省，建筑风格上也就表现出了不同（图1-60）。连方言都是五花八门的。

图 1-58 洋房之二   图 1-59 洋房上的图案

图 1-60 廿八都的闽式门楼

二、云南

1. 大理诺邓村——岩盐起家的村子

诺邓村地处诺邓河谷，四面环山。村子起源于唐代南诏国开采这里品质优良的岩盐，因而建村。这里有明清时期的建筑 140 多个院落，建筑形式称为"三坊一照壁"。其中的"四合五天井"为最大的院落，因当中有一大四小五个天井得名（图 1-61）。

村中的鼓楼，其实是个牌坊。重叠的斗拱、展翅的飞檐，无不体现出白族人的艺术细胞。

院子的大门类似垂花门，细部倒也不失纤细。比之北京四合院的带色彩的垂花门，这种单色镂空细木雕另有一番风味（图 1-62）。

图 1-61　建筑风格上少了份纤细，多了些雕镂式的护卫

图 1-62
院门

这个大门真够气派。它是谁家的呢？哦，门楣上写着呢："士大夫广东提举黄文陆"。其实它原来是五井盐课提举司衙门，后衙门外迁，这里就成了第一代明朝的提举黄氏的私宅了（图 1-63）。

图 1-63 黄氏大门

在明代，盐是国家的重要产业之一。私人炼制的盐必须交到盐局，再由盐局的官员上交国家，分发各地。胆敢贩卖私盐，那可是重罪！为防止卖私盐，明代全国设了七个"盐课提举司"。云南就有四个，这里是其中之一。不难想象那时诺邓村发达的景象。

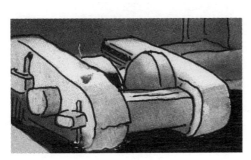

图 1-64　博物馆展品之一，盐磨

黄氏家族在诺邓村生活了 540 余年，靠炼制岩盐养活并繁衍了十九代人。如今，黄家第十九代人黄永寿在大理博物馆的帮助下，用自家的老房子及 250 多件老物件办了个家庭博物馆（图 1-64），并以爷爷的名字黄暇昌命名之。

2. 双廊镇双廊村——亮丽的白族风格

双廊村坐落在洱海边上，风水好得没治，如今国道穿行，交通也方便，真是得天独厚啊（图 1-65、图 1-66）！

双廊村地处云南大理白族自治州最大的民族——白族的发源地之一，已有 1000 多年的历史了。白族民居亮丽轻盈，在各地民居中独树一帜。

图 1-65 双廊村街巷里

图 1-66 院落中花草树木把院子挤没啦

3. 大理石龙村——古乐传承

石龙村坐落于四面环山的小坝子中，由于山坡坡度较缓，整个村落坐落在坡上，门户相连，人口较集中。石龙村内房屋依山顺势，错落有致，泥墙灰瓦，古朴淡雅。为了获取日照而大多选建于北面山，即坐北向南，少数坐西向东和坐南向北（图1-67）。

从整个村落来看，房屋基本沿等高线呈现散点式格局。一条主路曲折贯穿村庄，位于村子中心位置的文化传习所和新建的戏台广场是整个村子的核心地段，也是人流集散和买卖交易的主要场所。形成了以村公所和新戏台为中心，从东向西纵深，随主干线向四方扩散的多点居民活动空间。

图 1-67　院门及雕镂

石龙村的传统公共建筑主要包括村落南部的两座山神庙，位于村落东部的本祖庙（图1-68）、北部山上的关圣庙、北部田间的龙王庙和南面山上的观音庙等。

石龙村留有悠久的洞经古乐文化，演奏洞经古乐分文班和武班。文班乃洞经会，武班乃古乐队。目前村中传承着以老人为主的古乐队，且设有洞经音乐会和洞经古乐队演出的场地（图1-69）。

图 1-68
本祖庙

图 1-69
新戏台

图 1-70　屋顶走兽及瓦当

最让我吃惊的是某住宅屋顶上竟然有个走兽！这可是皇家建筑的配置呀！好大的胆子，好勇的设计（图 1-70）。

三、福建

1. 培田村——敬神不如拜祖

培田村位于福建省连城县西南部，原属长汀县。古代这里是通往汀州府的交通要道。

培田村已有 500 多年历史，最早的开村鼻祖是一位叫吴文贵的人，因此整个培田村有 1000 多居民都姓吴。

村里历史上最大的官叫吴拔祯，他考中了三甲第八名武举进士。相当不错了，官级当到四品。他家当然是有祠堂的。不但是当官的家，这里时兴祭祖，每五家就有一个祠堂，全村有 21 座祠堂（图 1-71~ 图 1-73）。就连住宅里，堂屋都是留给祖先的。

为什么如此重视祭祖呢？培田人说了：
"敬神不如拜祖"。拜祖一来是凝聚家族，二来是使人不敢犯错，不然在祭祖时你就没脸见祖先，给家族丢人。这是一种极好的自律。

图 1-71　村口石牌坊。上书"恩德"二字

图 1-72　培田村某祠堂

图1-73 另一祠堂——久公祠

培田民居的布局称为"九厅十八井"。其特点是皇宫式的气势、徽派建筑的型制、江苏园林的结构风格，以中轴线为中心向两边扇开。庭院深深却又齐齐整整，每个天井里都有数量不等的房间，周围都有可以自由开关的门通往外面，关起门来一个院子就是一个独立的单元（图1-74、图1-75）。

培田村的文武庙同时供孔子和关公，而其他地方他俩一般都是文武分开的。文武一家亲，很是罕见啊。说明这里人们是多么和谐，他们希望所供奉的人也和睦相处。

图 1-74　老宅的宅院大门，门口居然还有狮子

图 1-75　培田村小巷

培田村吴姓人非常注重教育，吴祖宽奠定了耕读的原则，重金聘请进士办学，把培田带入学堂时代。自建村以来，一共有秀才、举人、大夫、进士 238 人，其中有 23 人进入仕途。培田人每十户建立一个书院，至今保存着 6 座古书院，其中最大的南山书院，建于 500 多年前，被当地人称为"入孔门墙第一家"。它是最早的免费入学的学校，门口有一棵据说已在千年以上的具有灵性的罗汉松。书院名字的出处不知是不是和陶渊明的"采菊东篱下，悠然见南山"有关。光是这一家书院，就曾经为这个小小的山村培养过 140 多名秀才。

更为奇特的是这个小村子还建有一个女子学堂，名叫"容膝居"。它建于清光绪年间，是全国最早的女子学校（图 1-76）。

容膝居内部房间不大，三开间，中间是用来讲课的厅堂，两边是休息室。这里是妇女受教育的地方，由此可见培田村的客家人，对妇女的教育也相当重视。更为难得的是，在当时尚处于封建社会的背景下，培田的先人除了向女学生传授最基本的女红、道德等家规村约外，还竟然大胆地允许她们"可谈风月"，可见其思想的开放和远见。

图 1-76
容膝居大门

2. 永定土楼——一个村子一栋建筑

福建土楼如今已经是中外闻名了，但是除当地人以外，谁最先"发现"了这种造型不一般的住宅呢。据说，是在20世纪80年代美国总统里根执政时代，美国卫星从空中俯瞰中国领土，发现在福建永定一带有一些圆圆的构筑物，其中一些还冒着烟。据美国情报人员分析，那里很可能是个未知的导弹基地。为慎重起见，便仔细研究探看。其结果令人哑然失笑，原来那只是些圆形的住宅而已。

不过，这只是民间的说辞，不足为凭。我的大学同学黄汉民是福建人，福州建筑设计院院长。他是研究土楼的专家。人家早就知道有土楼这种住宅形式。当然，更早"知道"土楼的，是它们的建设者。

为什么把房子建成这个样子呢？

早在1000年前，无能的北宋被善战的蒙古灭了。当时在河南，尤其是首都汴梁，许多大户人家为避战而携妻带子逃往南方。这些人被当地人统称为客家。

最初的客家人是没有能力建大规模的住宅的。他们的日子因此很难熬。只能靠给当地人打工过活。直到清朝康乾时期，奋发图强的客家人开始种植烟草，而且烟草的质量好到了给皇上进贡的水平。这一下子，客家人就发财了。为了自保，他们想出了一个办法：一个村子建一座碉堡似的东西，连住人带打仗，功能齐全。又因为在福建当地，最易取得的建筑材料就是土。这些"堡垒"都是夯土而建。人们就叫它们为土楼（图1-77~图1-80）。

土楼的造型有方有圆。最外面一般都是二、三乃至四层楼。底层朝外不开窗。上层的外窗也很小，不如说那是些射击孔更形象些。进出土楼只有一个厚重的大门。

这是一种巨大的家庭式的组团：一个姓氏建一座土楼。大家结成一个大圆圈，比邻而居。当中是祖庙，供着他们从河南老家拿来的一坛子土，因此这类祖庙又称坛庙。朝里面长廊的门啦窗啦都是很畅快通透的。一个村子的人就集中在这个大蜗牛里，亲如一家。

当地人形象地描绘这类建筑：高四楼，楼四圈，上上下下四百间。圆中圆，圈中圈，历尽沧桑三百年。

在土楼所在的福建永定县，其实也有本地人，他们住在自己的美丽的小村子里而不住在土楼里（图 1-81）。

图 1-77　承启楼鸟瞰

图 1-78 承启楼内部

图 1-79 楼里高井台边打水的孩子

图 1-80 方形土楼——奎聚楼

图 1-81 永定的原住民村子

四、安徽

1. 安徽屏山村——光前裕后

屏山村位于黄山市黟（yī）县县城东北约 4 公里的屏风山和吉阳山的山麓，属于典型的江南水乡村落。青砖灰瓦的民居祠堂和前店后铺的商铺夹岸而建；十余座各具特色的石桥横跨溪上，构成江南水乡"小桥流水人家"特有的风韵。

黟县的很多村子自古以来就是聚族而居。屏山也不例外，自唐朝以来，舒姓在此居住，故屏山村又名舒村（图 1-82）。说起舒姓，不能不上溯到颛顼时代伏羲氏九世孙的叔子。叔子因在纾地为官，后改纾为舒，干脆就姓了舒了。汉武帝时，舒姓传至九十九世舒骏，官至丹阳太守（在今当涂）。在任九年，施行许多惠政，并留居长住，故皖江南北，包括安徽庐江的舒姓，都是这位官老爷的后裔。

元末明初时，屏山村第十九世舒彦友生了三个儿子。其中老三舒志

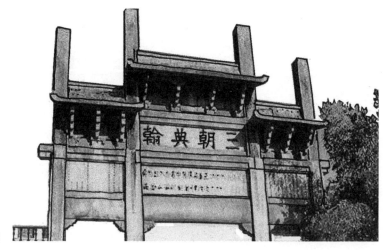

图 1-82
村口石牌坊

道人缘特好且人丁兴旺。到了清末，光他这一支的子子孙孙已超千人，组成了一个大村子。

在中国，尤其在农村里，以血缘联系的宗族社会极重秩序，其主要信条是忠君、尊祖，因此舒家建有总祠、支祠（图1-83~ 图1-86）。每逢元旦、清明、中元、小年、除夕各节，分别要祀神、奉君、祭祖。神，大约是灶王爷之类民间的神。祭祀的场地分里、外两座建筑。外屋总祠为序伦堂，因其建筑高大宽敞，所以又称敞厅；里屋总祠为光裕堂，因其门楼饰以神仙、松柏等彩雕，所以又称菩萨厅。两总祠下各房均有支祠。

为避免族内辈分颠倒错乱，祖宗们用了一首五言诗来给后辈排名字："立朝遵尧君，法天广其仁。秉志崇功道，梦怀希纯乡。学成允升用，守令知子民。同年若与选，克家存忠心。"好家伙，这一排就是四十代呀。这一番苦心表达了前辈的理想及求学知用、为官爱民，克家忠心的修身之道，用以教育后辈。

图1-83　全村的总祠堂

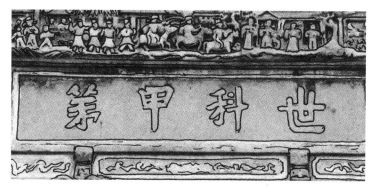

图 1-84
总祠堂上的匾
额

图 1-85
匾额上的浮雕
之一

图 1-86
匾额上的浮雕
之二

从这些略显朴质的浮雕里可以看出舒家人对当官是极重视的。咱不是说当官不好，当个好官，造福一方百姓，确实是件好事。

2. 呈坎村——按八卦设计的村子

安徽皖南民居闻名遐迩，我们早就打算前去一看。从一进皖南地区，便见座座墨瓦白墙，处处青山翠竹，更兼白云缥缈，绿水缠绕。农人田里插秧，水牛河边吃草。简直太美了（彩图 1-1）。

到了徽州，看完古城后在出租车司机的建议下，我们又去了歙（shè）县的呈坎村（图 1-87）。这个村子被称为八卦村，因整个村子按八卦和太极图的样子规划建设。最妙的是村子里横过一条 S 形的河，恰似太极图里那条划分阴阳的曲线。两边各修一庙，即是太极图里那两个圆点儿。

图 1-87
村口一独栋住宅

村口的廊桥小了点。没办法，河就不大，桥又何必铺张呢（图1-88）。

村里的人大都姓罗。三街九十九巷，排列整齐，等级分明：最宽的街走当官的，最窄的街走老百姓，中等宽点的街给阔人走（图1-89、图1-90）。

图1-88　村头廊桥

图1-89　窄街

图1-90　官家大门

街边的一家理发店引起了我的兴趣。第一，人家没有追时髦的叫什么发廊沙龙之类，依然老老实实称"理发店"，瞧着亲切。第二，里头的人更亲切了：一老头在用大刀子给另一老头修面。估计是老顾客了（图1-91）。

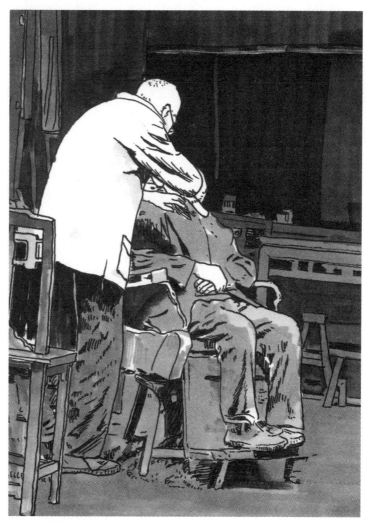

图1-91 老顾客

在村子当中的十字路口之上，骑着一个楼房，名曰打更楼。除了打更之外，它还有一个妙用：抓贼。原来更楼下面的四个方向，设有四扇木门。平时木门是提起来的。如果哪条街上出现贼情，那边的门立刻放下，截住蟊贼去向。蟊贼无处逃跑，只得束手就擒。

真是应了那句话："各村的地道都有许多高招！"

在村子的最后，是一座十一开间的大祠堂。这是罗氏家族的宗祠，人称罗氏东舒公祠（图 1-92、图 1-93）。祠堂始建于明嘉靖年间，直到万历三十九年（1611 年）才完工。前后耗时 87 年，耗银四万五千两！

罗舒公，宋末元初隐士。罗氏的后代为祭祀他而建这座宗祠。祠堂按孔庙的格局建造，整个建筑群包括影壁、棂星门、左右碑亭、仪门两庑、拜台、享堂、后寝殿等，共四进院子，一进比一进地势高。

第一进院子很宽敞，主体建筑是享殿。殿内有董其昌手书的"彝伦攸叙"的巨大匾额。院内 400 多岁的桂花树依然枝繁叶茂。后寝宝纶阁是供奉祖先神位和皇帝赐予罗家的诰命、诏书等的所在，也是整个祠堂的精华所在，它有十一开间！这在过去只有北京故宫太和殿才有的啊！看来是山高皇帝远，没人治他们的"僭越"之罪。祠堂的柱子都是石头的，细而坚实。

祠堂的十根檐柱采用琢成讹角的方形石柱，檐下正中悬着吴士鸿手书的匾额"宝纶阁"。寝殿内的梁头、驼峰、脊柱、平盘斗等木构件，都绘有精妙绝伦的彩绘，以青绿、土黄为主调，间以橙、赭、玫瑰红等对比色，图案清晰艳丽，实乃罕见。

图 1-92
大祠堂室内
屋顶

图 1-93
大祠堂室外，
够气派吧

五、湖南

1. 永兴板梁村——义字当头

这个村子的名字起得好，一听就觉得满村子的木匠，除了板子就是大梁（图1-94）。

其实板梁村的主要姓氏跟鲁班爷的这个行当没什么关系，他们也不姓鲁而姓刘。600多年前，板梁村刘氏的始祖、汉高祖刘邦的弟弟楚王刘交的后裔之一刘子芳在一个叫龙泉庙的地方落户。到了元朝末年战乱纷纷，刘氏的祖先为保存血脉，将家族分成了几支到全国各地避难。很有远见啊。不定哪个地方很和平，这一支就存活了。板梁村就是其中的一支。

话说有刘姓哥俩只身来到湖南永兴，在当地人的帮助下立了门户。为感念帮助他们的人，他俩立下了"见利忘义众人嫌，举义行善家业兴"的祖训。据族谱记载，迁徙到此并开发了板梁村等的刘姓人在历朝为官者数百人，历史底蕴厚重，传奇故事多多，是典型的湘南宗族聚落。

图1-94　村中一古庙

但凡逃难到他乡的人，大多都勤劳勇敢，再加上遵循祖训，慢慢地刘家竟然发展到了346个村，8万多人！怪不得过去老听人形容中国的大姓说"张王李赵遍地刘"呢。

要说这个村名字跟板啦梁啦的一点关系没有也不对。明朝永乐年间，承事郎刘润公返乡建古厅，当厅堂建筑即将完工张灯结彩准备上梁时，竟然不见了横梁！正不知所措之际，某村民一扭头，发现村前河溪里漂来一块木板，请工匠捞一量，尺寸正好与屋梁相合。此时吉时已到，工匠即以此板代替大梁给安了上去，后人就把村叫板梁了，一直沿用到今。原先的村名竟然无人知晓了。

我觉得这个传说有点不大可信。干过木匠活的都知道，木材要干燥之后才能用。刚从河里捞出来就用，等干燥了变形咋办？不过人们都这么说，就权且听之吧。

别看板梁村偏远（在明代），可这个村在明代还出了个大彩。

明万历年间，板梁村附近的几个村子闹蝗虫。请注意了，是附近的村子，不是本村。板梁村的一户商人刘宗琳把自己家的部分粮食捐出来，又用钱买了若干，总共凑了1010石粮食（10万多斤哪！）捐给了当地政府（县衙）用于赈灾。县衙被感动得写了材料上报，上级单位怕弄虚作假，于是派人来核查。核查属实后报给上上级。上上级又去核查，属实后继续报给上上上级，他们再来核查。一来二去的，竟然折腾了16年，这一事迹才呈到了皇上面前。皇上一看龙颜大悦，心说还有这么好的子民，赶紧提笔写了表扬信，并派一官员不远万里到这个小村子送达了圣旨。这一来可了不得喽，村里为庆祝此事，为刘宗琳夫妇建了祠堂，立了牌位，还建了一座圣旨庙。但看来因为年久失修，这座是新修的（图1-95~ 图1-98）。

图 1-95　刘家家庙

图 1-96　刘宗琳夫妇牌位

图 1-97　庙前狮子

图 1-98 重建的圣旨庙局部

为庆祝皇上的青睐，全村还举行了"周礼古宴"，也就是全村一起大吃一顿。以后竟成了规矩，年年举行一次仪式，一是向祖宗汇报，二是团结教育村民。于是乎人人都懂得"利字当头不得利，义字当头路路通"的道理。

近年来村里修路时，家家捐资。共集得 110 万元的款项，还有 100 人不要报酬的出工干活。有一老头叫刘荣贵，因年老力衰干不动重活，就自掏腰包天天给工地的人买早点，还亲自送了去。

板梁村家家户户以石板路相连。村民们极其重视修路，房子也许差些，但石板路绝对好（图 1-99、图 1-100）。村中大街小巷纵横交错，店铺家居处处以石板路相连，分麻石街、青石街等，如将石街相连长有十数里！自古有"雨雪出门不湿鞋，设客五十（桌）不出村"之称。

图 1-99　板梁村新修的大街

板梁村的水塘都修成半月形（彩图 1-2）。为什么要修成半月形的呢？板梁祖先饱学周公礼仪、中庸之道，深谙"月满则亏，水满则盈"的哲理，所以告诫后裔永远谦和忍让，永不自满。

板梁村连片保存的古民居有 300 多栋（图 1-101、图 1-102），栋栋雕梁画栋，集湖南建筑风格之大全。各种石雕、砖雕样样齐全；人物、花鸟、山水栩栩如生，且栋与栋之间各不相同（图 1-103）。尤以下片原清三品官员刘绍苏建居、中片刘绍连建居雕刻齐全、保存完好、美不胜收，为湘南地方所少见。

图1-100　石板路

图1-101　一处老宅入口处的石敢当

图1-102　一处民宅

图 1-103　门的上方也雕了许多读书、做官之类的人物

图 1-104 所示的窗棂以那么细小的地方，居然雕刻成当中是两条跳龙门的鲤鱼夹着一位中举当官的人。

镇龙塔建于清朝道光九年（1829 年），塔为砖石结构，塔基直径 8 米，塔高 28.8 米，有石台阶按八卦拾级而上。塔结构密实，历经 170 多年完好无损（图 1-105）。

龙泉庙是板梁最早期建筑，先有庙后建村（图 1-106）。上庙是五步台阶，湘南古文化中台阶数是很有讲究的，都是用奇数，在卦相里奇数为乾，即为阳，偶数为坤，即为阴，阴是不用的。

图 1-104　窗棂

图 1-105 镇龙塔

图 1-106 龙泉庙

龙泉庙是百姓求财求平安的庙宇，四季香火很旺，现保存的古青石雕大香炉是道光十六年（1836年）捐造的。

板梁私塾是板梁最早期学府。板梁先祖崇文，耕读持家是古训，有文字的纸都不许乱丢的，要送到接龙桥的逝纸楼去化掉。清代出了个三品官，就曾读过这所私塾，"山不在高，有仙则名，水不在深，有龙则灵"，板梁私塾不大，但名气不小。私塾里的天井已有600多年历史了，雕刻图案很原始，是很珍贵的古石雕。板梁的先祖把学子看成鱼，企盼鲤鱼跃龙门，私塾是学知识的地方，所以井里的大鲤鱼是不动的。

去私塾上学可不是那么容易的，要爬十几步台阶。大人无所谓，对于七八岁的孩子岂非易事！但古人云："书山有路勤为径，学海无边苦作舟"。爬点儿台阶算什么（图1-107）。

如果你找得到板梁村的接龙桥，那么就可以看见在村北象鼻山悬崖上有一栋小巧而奇特的小楼，名曰"望夫楼"。村里的男人多半在外经商，妇女们登楼顶可望穿河溪和官道尽头，看看她们的夫君是否打道回府了（图1-108）。图1-109为某祠堂门板上画着两个门神守卫。

图1-107　高高的私塾

图 1-108　接龙桥和望夫楼

图 1-109　某祠堂。在闭门时门板上画的两个门神守卫

2. 岳阳张谷英村——全村在一个屋檐下

又一个湖南的村子。这个村子的名字是以他们的祖先张谷英的名字命名的。张谷英，何许人也？不详。只知道他是朱元璋麾下的一名军人。后来明朝建立了，他打仗也打腻歪了，就在洪武四年9月自己悄悄溜走了。在家训里，他写道："功伏宗兴"。意思是只有把自己的功劳埋藏起来，家族才能兴旺。所以他的履历无人知晓（图1–110）。

张谷英村位于湖南省岳阳县张谷英镇。村子环山而建，长约1公里，呈半月形布局，由当大门、王家段、上新屋三组建筑群组成。

因为究竟是外来户，整个村子的防范措施还是要有的。这体现在厚重的外墙上（图1–111）。

当大门是明嘉靖四十一年（1561年）张思南首建的。他还建了西头岸大屋。明末清初，张拱凡等续建东头岸、铺门口、石大门大屋。名字都挺奇怪的，大概是湖南方言。

图1–110
张谷英塑像。还可以
看出是行伍出身

图 1-111　厚实的外墙

图 1-112　当大门

大门两侧不多见的四字对联上写道："耕读继世、孝友传家。"（图1-112）看来中国人的认知无论北方人南方人，都很相近啊。都是要耕作、读书、孝敬、友爱。这是我们中国人最基本的做人理念。

这个村子神在全村 2600 口人生活在一个大屋檐下。有点像福建的土楼，又不完全像（彩图 1-3）。所谓一个屋檐下，是指大屋的平面采用"丰"字形布局。一条中轴纵深南北，若干岔道横贯东西（图1-113）。高堂庭院被安放在纵轴线上，一般由三到四进堂屋组成，多的可达五进。纵轴两边又并列伸出三到四道横向分支，每一分支也由三到四进堂屋组成。

每一分支由家族的一支居住，其中包括堂屋、卧室、厨房等。各家的堂屋之间由天井、屏门隔开。屏门可闭可开，使得多个堂屋能连成一片，让人感觉豁然开朗。

屏门

图1-113 中轴左右两侧的门即是横向分支的入口

为节约地皮，整个建筑物为二层。从中轴线在某一段落也可通往二层（图 1-114）。

古村里有 60 条巷道。这些光线幽暗，一米多宽的巷道既将多户人家分隔成独立的院落，又将各家连接在一起。巷道两面是各家的高墙，顶上覆盖着瓦片，村里人走家串户，凭借着四通八达的巷道，雨天不用撑伞，夏天免遭暴晒。张谷英村里最长的巷道长达 74 米，巷道隔开的每户人家，都有着科学布局的一套套堂屋、厢房、厨房、厕所和卧室。与穿村而过的渭溪河、大门口两侧的烟火塘相结合。万一有火灾发生时，村里的年轻小伙子可以用双臂和双腿撑在狭窄巷道的两壁上，爬到巷道顶，掀去瓦片，平时连成一体的房子中间即刻有了一条隔火带，火路被截断，火灾损失就被控制在很小的范围内了。

设计这种可通可达的巷道还有一层用意，就是方便各家各户互相交往。张谷英村还有一祖训："齿刚则敝，舌柔长存"，其实这是从老子年间的一则故事总结来的，意思是太过刚强了，您也许早早就完了，只有以柔克刚，才是长久之道。

图 1-114 从中轴线通往二层的楼梯

故事是这样的（图1-115）。

两千多年前的一天，老子的一个学生气呼呼地跑进院子，一进来就满地找板砖。老子问他干吗呢，他说："有人欺负我，我找块砖头打他个满脸花！"

老子拉住他的袖子，张开嘴说道："往里看。"

学生愣愣地看着老师的嘴，不明就里。老子皱了皱眉头问道："牙还在吗？"

"没了。"

又问："舌头还在吗？"

"在。"

"明白了吗？"

学生不言不语，放下板砖，心平气和地跟着老师上课去了。

图1-115 老子"齿刚则敝，舌柔长存"的故事

这个村子的人姓张而不姓李，估计不是老子的后代，但他们牢记先人的教导，在人与人的交往中一直秉承着"以柔克刚，谦让包容"的原则。村里600多年从未发生过刑事案件，也没有和邻村有什么纠葛。

一个平和的祖宗，教育出成千上万平和的后代。

六、江西

1. 赣州白鹭村——积善之家必有余庆

一听这个名字,甭说了,村子准是在水边,水塘里有美丽的白鹭。当然,除了白鹭,这里还有善良的人们。不然就不说村子,而是去动物世界了。

白鹭村属于江西省赣州市赣县区白鹭乡下辖的一个客家古村。位于赣县的最北端。白鹭村的先人是 870 多年前南宋初期,一钟姓人家从饱受金人骚扰的河南颍川一路南下逃到这里来的。

要说金人对于开发中国的南方还真是立了大功,把许多能人都给轰到当时还不开化的南方来了。

族谱中专门用来记载好人好事的《善事传》里,记载着一位人称"百岁翁"的人,他为村里建了第一座祠堂。名曰百岁翁祠堂(图 1–116)。

图 1–116
百岁翁祠堂

另一个老祠堂被当作了村教育基金会，依然在为族人的教育事业做着贡献（图 1-117、图 1-118）。

图 1-117　老祠堂

图 1-118　村里的老街

白鹭村的人都懂得一个道理，积善之家必有余庆。这个道理，是从一位人称王太夫人那里得到印证的。

王太夫人，何许人也？她生于1750年，卒于1822年。她娘家姓王，嫁给了一个大户人家钟愈昌做妾。虽为小妾，她却在丈夫钟愈昌过世后一直帮助继室赵太夫人管理家务，后来赵太夫人也去世了，王太夫人一人管理家务20多年，晚年还用一生积蓄建成"堡中义仓"，专门用来扶贫济弱。钟氏家谱中有记载，"凡钟舆后代，60岁以上或18岁以下的鳏寡孤独病残者，每人每年可到义仓领取8担谷子和衣被等物"。

她办了义学，自己聘请了先生教念不起书的孩子读书。她办义仓，自己带头捐粮，每年一千石谷子，并倡议村里的富户也捐粮，然后开办老人餐院，每日供给孤寡老人两顿干的一顿稀的（图1-119）。

因为这些功绩，乾隆皇帝三次诰封她为"王太夫人"。她的儿子钟崇俨也挺有出息，中了进士后，做了嘉兴府知府。清道光四年（1824

图1-119　王太夫人办的老人餐院

年）后人给王太夫人建了个祠堂（彩图 1-4）。这恐怕是国内唯一的一个给真实的女人（不算女神）建的祠堂吧。而且，请注意，她的丈夫姓钟，可她的称谓"王太夫人"却用了她自己的本姓，可见对她的尊敬。祠堂里面端坐着王太夫人的塑像（图 1-120）。但我对这个塑像很不以为然。据称，王太夫人本人是很节俭的，从不穿金戴银。可她的塑像却是珠光宝气的。也许人们希望她在那个世界摆摆阔气？

要说明一点的是，王太夫人祠是好几户人家聚居在一起，又兼具祭祀这几户人家的祖宗牌位功能的"居祀型"祠堂。

还有一位钟氏的后人钟正瑛在清康熙年间做买卖致富以后，在村里修了茶亭、河堤等公共设施。1931 年红军时期，红军领导还在他家的宅子里住过三天。至今他孙子提起这件事，还很是骄傲。

钟正瑛的功绩也被村民们用命名一座桥的方式记住了（图 1-121）。

图 1-120
王太夫人塑像

图 1-121　钟正瑛桥

这个村对教育一直特别重视。村里有两项规定，多年来一直执行着。一是奖励制，小学毕业的，每人奖 150 斤谷子，初中毕业 300 斤，高中毕业 500 斤。第二项是贡献制：村里人中了秀才的，要为村子修 1 里官道，中了举人的修 3 里，中了进士的修 5 里，外加一个茶亭。这不但有益于村民，同时也让这些学子翰墨流芳。

2004 年，曾在王太夫人开的义学里上过学的钟益善老人倡导，村里成立了教育基金会，号召有能力的人捐钱，以便做奖学金之用。很快，这个只有 2000 人的村子每年都能收到几万元的捐款。

白鹭村的人还信奉一条道理：积财积物，不如积德。前几年为了修一条惠及 7 个村的水泥路，村里 70 多户人家一分钱补偿都不要，主动拆掉了道路必经的鱼塘、牛栏等。许多人还捐了款。

2. 婺源李坑村——设法院的村子

江西婺源历史上一直属安徽省徽州府，因此它的建筑形式完全是徽南风格的。1934 年，国民政府将它划归了江西省，1947 年因当地强烈要求，又回归安徽省。1949 年复又划给了江西省。

婺源包括十好几处村子。走马观花之后，我们只进去了李坑村。坑的意思是河，或者是湖。至于李嘛，当然是全村人都姓李啦。这个古老的村子建于北宋大中祥符三年（1010 年），至今已有 1000 多年的历史。这里出的最为有名的人是南宋乾道三年（1167 年）的武状元李知诚。

近年来这里的知名度被油菜花提升了起来。不过我对花不感兴趣，主要是来看民风的，过了油菜开花的季节，人少多了，便于我的行程，反倒更好。

村里一半人家都沿着一条河建造。整个村子形成了狭长的一条（图1-122）。

李坑村的建筑风格与皖南一样是白墙黑瓦，山墙砌成马头封火墙的样子。几乎所有的住户都是两层楼。底层开

图 1-122 李坑水街

敞，当客厅用，二层住人。有时临街还可见雕工复杂的美人靠，那曾是小姐的绣楼。

村里的民居宅院粉墙黛瓦、参差错落；村内街巷溪水贯通、九曲十弯；青石板道纵横交错，石、木、砖各种溪桥数十座沟通两岸。大约每十来米就有座桥。桥大都是平平的，但船过桥时，坐着的人刚好不用低头就过去了。

姓李跟姓李的待遇也不同。清朝初年的能工巧匠李瑞材因为究竟是个木匠，他家的大门不能朝大街开，只能转个90°，当作侧门开（图1-123）。而当官的李文进，虽然只是个从五品，在当地就算人物了。他家的大门堂而皇之地开向大街。另一位武状元李知诚不算富有，可到底是个武状元，家里也像模像样的，客厅里摆着冒了青烟的祖宗的牌位。楼上才是卧室。

在村中央有个亭子，名叫"申明亭"（图1-124）。这个亭子建于明朝末年。在当时是村子的法院。每月的初一、十五，村里的宗祠鸣锣聚众。大家共同惩办违反村规的村民。这也算是地方法院的先驱吧。

图1-123　李瑞材宅子

图 1-124　申明亭

七、江苏、四川

1. 江苏苏州明月湾村——心平气和路路通

这次咱们去说着吴侬软语的江南福地苏州乡下，看一个叫"明月湾"的村子。这么美的名字据说来源于吴王夫差跟西施在这里赏月。

这个村子在太湖西山岛南端矮山环抱中。岛上住着黄、邓、秦、吴四大家族。他们都是南宋官员的后裔，不愿做官，带着家人躲到这个风景如画然而与世隔绝的岛上来，跟严子陵一个爱好，当了渔民了。

黄氏宗祠除了这个写着"敬宗睦族"的匾额（图 1-125）外，大门两边还有一副对联。上书"心气平和事理通达"，下书"德行鉴定品节详明"。

人与人、家与家相处，总会出现矛盾。有了矛盾怎么办？这个村有一绝活：喝讲茶。就是矛盾双方及村里的老人坐在一起喝茶。边喝边各抒己见，然后公平处置。喝茶的规矩是这样的：桌子上摆两壶茶，一壶绿茶一壶红茶。先是各喝各的，等事情解决了，再把绿茶红茶倒在一起，喝一杯混合茶。哈哈，真是好办法。看来红茶和绿茶不会起化学反应，不然岂不糟糕了。

为了喝讲茶，村里专门建了一个茶亭（图 1-126）。

因为在岛上，一切商贸活动都要靠水陆，码头就成了村里最重要的公共设施。乾隆二十一年（1756 年），四大家族共同出资，修建了一条由 258 块花岗岩大条石砌筑的码头。在那个没有任何起重设备的年代，这个万年牢的石码头虽经 250 余年风浪冲刷，如今仍基本完好（图 1-127）。

图 1-125
黄氏宗祠的匾额

图 1-126　讲茶亭

图 1-127　古码头

2. 四川广安市武胜县宝箴（zhēn）塞——整个一碉堡

四川省广安市武胜县的宝箴塞在方家沟村，距武胜县城 25 公里。始建于清宣统三年（1911 年）秋，是当地大户段氏为躲避战乱而修。整个塞占地面积 26000 多平方米，塞墙高 6.5 米，宽 0.4~1.5 米，长560 米。里面为住宅采光和通风用的天井有 8 个，还有 108 道门。

整个建筑群依山而建，既有闽南团城建筑风格，又有江南民居特色。房屋设计精巧，重叠有序，古色古香，独具特色。

塞为东西走向，平面呈不规则银锭状，首尾阔，中间狭长。塞的墙用条石砌成，依山而筑，地势险要，最高处达 10 米，周长 2000 余米，仅北面一门可出入。

宝箴塞现今保存完好，塞内厅堂房廊气势恢宏，仓库池井部署齐全，总体呈七天井四院落布局，有大小房屋百余间，环形炮楼长达 2000余米。塞外，有地下通道和塞紧密相连的段家旧宅院和碉楼各一座，面积千余平方米。宝箴塞地处浅丘地貌之高隘处，易守难攻。塞内防御阻击工事分为塞墙和城垛两部分。塞墙上，守护者可沿墙体环绕通行，机动作战。分段城垛上除堞垛之外，根据控制点开辟了射击孔。从外墙上可以看出，窗子分大小两种（图 1–128）。大窗子在高处，人可以从这里观看外面，小窗子是射击孔。发现敌人后可以马上蹲下来射击（图 1–129）。

塞墙顶采用传统的木构屋顶封闭，既可挡风避雨，又可隐蔽作战人员。木构屋架与塞内建筑连为一体，形成独特的防御作战网络。除沿崖防御工事外，其余院落、房屋均为木构建筑。房屋设计有宿房、佣工住房、伙房、库房、仓房、戏楼等，水井、水池、厕所、地下通道等附属生活设施也一应俱全。

图 1-128　宝箴塞外墙

图 1-129　大小窗

天井的正面是一座三层楼的戏楼（图
1-130）。位于二楼的木质戏台台沿
雕镂着精美的戏剧人物和经典剧目中
激动人心的场景，可供百余人同时观
赏演出（图 1-131）。高处的碉楼又
兼有瞭望台的作用。

图 1-131　戏楼栏杆的雕塑局部

图 1-130
戏楼

八、辽宁、河南

1. 辽宁阜新查干哈达村——远亲不如近邻

前面几个例子都是南方的，这回咱们上北方看看吧。

300多年前，1669年，在这里的草原上修了一座寺庙——修瑞应寺（图1-132）。

寺庙工程浩大，人称这个寺"有名喇嘛三千六，没名喇嘛如牛毛"。各地来的匠人们一干就是6年。在这6年里，热心的木匠老赵和铜匠没少给周围的牧民帮忙。两家的亲属跟当地人走得也挺近乎。寺庙修好后，两家人奶茶也喝惯了，牛羊肉也爱吃了，干脆就跟牧民包氏家族一起聚落成屯，在草原上住下了。这是1705年的事。不久，屯子里被路过的人染了天花。三家人你帮我，我帮他，共同渡过了难关。在无医无药的情况下存活了下来。1706年，一世活佛给这里赐了名，查干哈达艾里，即查干哈达屯子。这个名字一直沿用到今天。

之后几百年里，查干哈达村慢慢从12个姓，再到现在的23姓170户，查干哈达村秉承最初三户人家的睦邻和谐的品质，未发生过一起刑事案件。改革开放至今，村中几乎家家户户都培养出了大学生。

有意思的是，一般的村子里都是各家供奉各家自己的祖宗。在查干哈达村却是23家的祖宗在一起供在村庙里（图1-133）。

图 1-132 修瑞应寺

图 1-133 村庙

从 1808 年开始，村里就流传着村民聚集在一起度过睦邻节的习俗，至今已有 210 年。每年的 7 月 21 日，村民都会聚集在一起，在白塔下度过睦邻节（图 1-134）。村里有一个特殊的组织"老人会"。老人会由各姓中德高望重的老人组成，负责举办这个村独有的一个节——"睦邻节"的事宜，睦邻节的举办也对查干哈达村影响深远。

图 1-134　白塔

在睦邻节上，人们共同祈祷村屯邻里和睦相处、敬老尊长、儿孙兴旺、绿化山河、和谐共生、社会稳定、村屯平安。

2. 河南安阳马家大院——很多名人都住过

许多人可能和我一样，认为看北方民居，要去山西的乔家大院。有一次我偶然去一儿时朋友程允恬家，谈起她母亲的祖上姓马，是河南出名的大户。孤陋寡闻的我才知道，中原第一大宅"马家大院"敢情在河南省安阳的蒋村。

朋友的母亲马良先生在大学里曾经教过我高等数学。马良先生看上去绝对是个大家闺秀，温柔稳重，知书达理。

这个老马家出了个名人叫马丕瑶，他是清朝咸丰年间的举人，同治年的进士，最大的官坐到两广总督。马丕瑶是个勤政爱民的好官，历代皇帝及名人都对他有极高的评价。他去世后，被敕封为"光禄大夫"（正一品，文官最高称谓），人称"头品顶戴"。当然，好官也要有相应的好房子。那个马氏庄园就不是一般的大，它曾接待过很多名人。

马氏庄园建筑总面积有5000平方米，占地面积20000平方米。分三区六组，每组四进院子。全宅共建九个大门，人称"九门相照"（图1-135）。其建筑风格兼有北京四合院的宽敞明亮和山西晋商的细腻装饰，外表却是中原地区的蓝砖蓝瓦（图1-136、图1-137）。

图 1-135
九门之一

图 1-136　马氏庄园两层的正房

图 1-137　马家跨院

第二章　古城古镇

青山横北郭，白水绕东城。

此地一为别，孤蓬万里征。

浮云游子意，落日故人情。

挥手自兹去，萧萧班马鸣。

——（唐）李白

写完村子，再来看城镇，发现城镇还真没村子有意思。虽然城里店铺林立车水马龙人声鼎沸，却觉得缺少了凝聚力。除了你买我卖之外，人和人像是没什么关系。

要说起来，这倒也没什么不合理。本来城市就是由于商业的兴起而出现的。咱们的祖先最早是靠打猎过日子的。后来觉得打猎的日子很辛苦，肉也吃腻了，就想着要吃点儿素的，于是开始了农耕。人们的日子过得不像打猎那么辛苦，就有闲工夫憋坏主意了：旁边那窝棚里过得比咱滋润，抢！远处那帮人占的地收成好，抢！

这一来，力气大的，男丁多的窝棚就有了富裕的吃食。光种白薯的也想弄条鱼吃吃。往河边的窝棚一瞧，好嘛，人捞鱼的那家有好几个彪形大汉，估计抢不过人家。怎么办？只好老老实实地跟人家换。

上哪儿换去呀可是？在你窝棚前头？不行，你家小子一窝蜂跑出来，我不就吃亏了吗？这么着吧，找一个谁家都不是的地方，我用两块白薯换一条鱼，你拿一篓麦子换一个泥罐儿，他做了个小板凳，惦记换一棵白菜等。这就出现了最早的商人和最早的店铺。你挨着我弄一店铺，他再挨着你也弄一个，慢慢地就出现了城镇。

当然，随着人类的进步（技术）和退步（情操），城市的功能也越来越多，有历史感有故事的城市还是不少的。下面就来看几个吧。

一、浙江

还是先看浙江。浙江人是勤劳勇敢，热爱家乡的典范，无论是村子还是镇子，他们都给建得漂漂亮亮。

1.庐州——铸剑之魂

这个庐州可不是出好酒泸州老窖的那个四川泸州，它是出武将的地方：三国的周瑜、清代的淮军统领吴长庆、北洋水师的丁汝昌、再有就是抗日名将，也是我们清华同学的孙立人，不少吧！

图2-2 望儿塔

图2-1
古神道上的石兽

庐州可是个老地方啦，从汉武帝元狩二年（前121年）建县，至今已经有2139年了。这是某朝某代（不可考）某人坟前神道上的石兽（图2-1）。无论从造型还是从风化程度，都可以认定是很有把年纪的耄耋老人了。

庐州前的巢湖是我国五大淡水湖之一。湖心岛叫姥（mǔ）山岛。岛上有座望儿塔，是个七层的楼阁式塔（可以从里面登塔）（图2-2）。塔建于明崇祯四年，也算是古迹啦。

在庐州城内，还有一去处，叫冶父山（又名伏虎寺）。这是为纪念三国时期越国的著名铁匠欧冶子在此地铸剑而建的。门外的横幅上写的是"山魂剑韵"（图2-3）。

图 2-3
欧冶子庙

欧冶子（约前560–前510），春秋末期到战国初期越国人，中国古代铸剑鼻祖，龙泉宝剑创始人（图2-4）。他曾为越王允常、楚昭王铸宝剑。

欧冶子诞生时，正值东周列国纷争，先是吴灭楚，后吴越先后吞并长江以南45国。冷兵器时代，刀枪剑戟是热门货。少年时代，欧冶子从舅舅那里学会冶金技术，开始冶铸青铜剑和铁锄、铁斧等生产工具。他肯动脑筋，具有非凡的智慧，更兼身体强健，能刻苦耐劳。他发现铜和铁性能的不同之处，遂冶铸出第一把合金剑"龙渊"（后改名龙泉剑），开创了中国冷兵器时代走向锋利之先河。

传说当年欧冶子为越王允常（勾践他爹）打造了五把剑，献给吴王三把。一名"湛庐"，一名"磐郢"，第三把名"鱼肠"。"鱼肠"剑是一支匕首，虽然短小，但削铁如泥。这柄鱼肠剑干了一件不小的事：专诸刺王僚（图2-5）。

因为这一刺，专诸虽然被剁成了肉泥，却也得以"青史留名"，成了古代四大刺客之一。在无锡还建有一座专诸塔。哈哈，喜欢什么的都有，还有喜欢刺客的。其实专诸就是一屠夫，因为伍子胥要拍吴国的公子光的马屁，就收买了这个屠夫，让他干这件跟自己毫无关系的事。

图2-4 欧冶子塑像　　图2-5 专诸刺王僚

2. 绍兴——黄酒之乡

绍兴市在钱塘江南岸，曾是三国时期越国的都城。它的历史可以追溯到六千五百年前。春秋时期一度为越国国都。这里出过无数名人。我们熟悉的有勾践、范蠡、王羲之、陆游、西施、欧冶子、鲁迅、蔡元培、陶行知、竺可桢、马寅初、钱三强、邢其毅等，还有我的妈妈——北京航空航天大学的奠基人之一陆士嘉。真是人杰地灵啊。

绍兴是越剧之乡、黄酒之乡。著名的"女儿红"是很多有闺女人家必备的。在闺女出生那天买一罐子，埋在地下。等她嫁人那天刨出来，在婚宴上喝掉。那二十几年的黄酒，味道一定是醇香至极的。

我妈妈是萧山人氏，如今萧山属绍兴管辖，那儿出产一样好吃的小菜：萧山萝卜干。那咸中带甜、柔里有脆的小菜，真是百吃不厌。

唯一不明白的是，为什么绍兴出师爷呢？就算读书人多，也应该是当官去啊，怎么都当了秘书呢？

绍兴是个水乡，到处是河啦桥啦的。因此这里的人要说他走过的桥比我走过的路都多，我服（图 2-6）。

绍兴的街道、桥梁、住宅的院墙多以石头为材料。就连下水口都不厌其烦地用石头雕琢而成（图 2-7~图 2-9）。

这些石头都是从哪里来的呢？原来，它们产自距绍兴 8 公里的柯岩镇。

柯岩镇也是个美丽的水乡。小桥流水人家无处不在（图 2-10）。

图2-6 水街之一

图2-7 小河上的小石桥

图2-8　又一小石桥

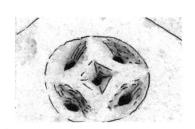

图2-9　下水口

图2-10　通往柯岩镇路上的桥栏杆

如今，已经没有人再从这里采石头了，当初的采石人却在这里留下了他们的足迹。石佛便是最精美的一个（图 2-11）。这是按照印度弥勒佛的原型雕刻的。一位姓柯的工匠用了祖孙三代的力气，才把它完成的。外表看这尊雕像跟其他的雕像一样，但它的内部却是镂空的。包括两只耳朵，当然也包括脑袋。一个 1.2 米以下的孩子可以从左耳朵爬进去，再从右耳朵爬出来。

右面的这个蘑菇云状的东西是当年石匠们用来计算工作量的参照物（图 2-12）。不过我觉得若是当参照物用，不如弄成个方块。这个奇形怪状的东西，算几立方米呀？估计它是采石的遗留吧。后来它倒是有了一个作用：地标。北宋的大书法家米芾一日慕名前去，被这块上大下小的石头弄得着了迷，当即绕着石头走了好几圈，最后干脆在石头前摆上了供桌，放上贡品，向石头下拜。从此米芾被人称为"石痴"。后来的人把这块东西称作"石骨"，并给它砌了个台子，供了起来。这块蘑菇云般的石头高 31 米，根部却只有 1 米宽，瞧着有点吓人。不过它倒不下来，因为它是"长"在地球上的。

图 2-11 石佛

图 2-12 柯岩石骨

3. 兰溪镇——三江之汇，七省通衢

兰溪镇在浙江省中部，地处衢江、婺江和兰江的三江汇合处。衢江和婺江先行汇合，然后共同流入兰江。

兰江，说长不长，说短也不算短，有300公里。它素有"三江之汇，七省通衢"之称。曾经，它拥有过30多个码头！它的历史已有1300年了。也就是说，从唐代就有了。可以想象，处于江边的兰溪，当年是很重要的航运要地。老街区有两万平方米左右，巷子狭窄，居民平和。

在南方，有钱人的巷子跟穷人的巷子宽度差别很大。大概是穷人瘦阔人胖的原因吧。穷人忒胖了连巷子都进不去。这个巷子里住的人，大概比较穷。从如此狭窄的巷子里能科考出人头地，真不容易。不过要是我住这儿，估计也能考上探花——因为巷子窄的没法出门，只好窝在家里念书了（图2-13）。

图2-13 探花巷——估计这里曾经出过一位探花

图 2-14 当官了

图 2-15 升官了

别看小胡同不怎么起眼，这位考上了探花，后来又当了官的人把他家弄得很是精致。从他家房子的牛腿可见一斑（图 2-14~图 2-18）。

兰溪镇的住宅也用封火山墙，俗称马头墙（图 2-19）。不过看上去跟徽派建筑的封火山墙还是有很大的不一样。屋脊平放着，两边还起个卷。如今去南方农村，看见千篇一律贴着白瓷砖，一点儿特色都没有的新房子，真为他们的审美观点"一声叹息"。

图 2-16 老喽

图 2-17 一个普通民房的木墙和牛腿

图 2-18　二楼的栏杆

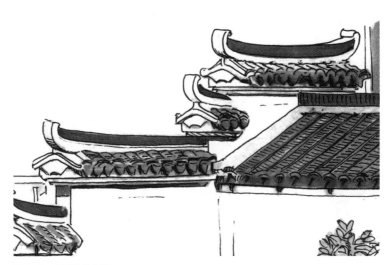

图 2-19　村落的马头墙

4. 海宁——漕运之地

海宁市地处浙江省北部，杭州的西北，钱塘江在它的南面入海。大家都知道在杭州每年中秋时可以观看钱塘江的潮水。其实，在海宁，观潮的风俗比之杭州更甚。不是每年一次，而是天天有潮。就是因为这里的海、河相遇闹得惊天动地的，人们才给这里起了个"海宁"的名字，希望海能老实点儿。可海哪里会听人的话呢，它依旧是"海水潮，朝朝潮，朝潮朝落"。这倒培养出海宁一批热爱潮水、听潮、画潮的人来。当然，也招来不少游客。

自古以来，尤其是宋朝期间，海宁是内地通往杭州的漕运必经之地。其长安镇更是地位重要。明清两代，这里曾是三大米市之一。镇内河岔纵横，桥梁密布（图 2-20~ 图 2-22）。

图 2-20　绍兴市长安镇的水街之一

图 2-21 长安镇虹桥。因为要过大船，桥面很高，四面都各有 18 步台阶。多有喜欢晨练的人们在这里上上下下的

图 2-22 小河岔上的木板桥

水乡的一大特点是用河流代替小街。沿江的房子，前面临街，是主入口，临水的是后门，除了每家每户有个泊船的小码头，临水的房子还常常建成阁楼状，以扩大建筑面积。

古时候，因为海宁的船要往钱塘江的上游开，为抬高水位以便行船，在海宁设了一坝三闸。船过闸时要人工用绞盘把船从低处弄到高处。

为保证漕运安全畅通，明清时期这里都有重兵把守。这里的老住户多是当年坝兵曹、王、沈、许的后裔。许多人子承父业，做起了租船的买卖，把船租给卖米的农民。我的一个朋友是海宁人，姓许。他曾经说过他家是靠出租船过日子的，看来八成是坝兵的传人（图2-23）。

图 2-23
当年拉船的绞盘

5. 金华——不为人知的八咏楼

热爱美食的中国人，一提起金华，恐怕都会想到火腿吧。火腿炖老鸭、火腿冬瓜汤、火腿鲜笋汤……多诱人哪！其实除了火腿，金华跟浙江的其他城市一样，有着水乡的美。

金华的一个不大为人知晓的景致是个建在城墙上的楼，八咏楼（图2-24）。这个不大的两层小楼可能因其地位险要，竟然被列为"江南三大楼"，与黄鹤楼、岳阳楼论起了兄弟。

八咏楼始建于494年，在历史上属南北朝时期的南朝。时任东阳太守的史学家沈约主持修建，并提匾额（图2-25）。

图 2-24
金华八咏楼

别看楼不大，由于面对金华江（婺江），景致极美，招来了不少迁客骚人来此吟诗作画。李白的《送王屋山人魏万还王屋》里有"落帆金华岸，赤松若可招；沈约八咏楼，城西孤岧峣（tiáo yáo）"，就是其中的代表作。这首诗长得出奇，数了数竟有 120 句之多，恕不全载。李清照的《题八咏楼》抒发了她对亡国流浪的悲愤之情"千古风流八咏楼，江山留与后人愁；水通南国三千里，气压江城十四州"。

图 2-25　八咏楼的匾额

1984 年重修八咏楼时，金华人请了他们值得骄傲的老乡，著名诗人艾青为此楼再次提匾。

二、福建

1. 赵家堡——一个灭亡皇族后代的悲歌

在福建漳浦县湖西乡硕高山下，有个特别的村子：赵家村，又名赵家堡。说它特别，一是因为其建筑形式与一般农村不大一样，不像个农村而更像城市，二是它不凡的来历。

读过一点历史的人都知道，北宋的首都是汴梁，也就是今天的河南开封。后来让能征善战的金朝给追到了杭州，成了南宋。再后来，南宋亡在了元朝的手里。

南宋朝廷最后的一个8岁的小皇帝赵昺（bǐng）是在逃亡的船上"登基"的，第二年，他们再次被元军追击。无奈之下，丞相陆秀夫背着9岁的小皇帝投海殉国了，这是1279年的事。

之后，残破的"朝廷"，乘着十六艘船，逃到了元军追不到的海上。谁知天不容宋，大风大浪打翻了十二艘船。幸好剩下的四艘破船里还有一位赵家的皇室后裔，封在福州的闽冲王，13岁的赵若和。这位龙子和其他大臣等只好弃船登岸。几经辗转，在厦门附近的佛昙（音"弹"）县积美村住下。赵氏孤儿也不敢再姓赵了，遂改姓黄，意思是他源于皇族。

300多年以后，都到了明万历年间了，假黄家一位男子要娶一真黄家女子，被人告发是"同族通婚"，因此被县官逮捕。男子的哥哥为救弟弟，壮着胆子向县官坦白了他们本来的姓氏来源。此事被报告给了皇帝。开通的万历皇帝并没有问他们个"欺君之罪"，反而大度地批准他们恢复赵姓。终于重见天日的赵家大模大样地选了块地方（今日的福建漳浦县赵家堡），开始在建筑中寻找旧日的梦。

首先建的是一个叫"完璧楼"的碉堡式三层石头建筑，高20米（图2-26）。起"完璧楼"这个名字，用意明显是要"完璧归赵"。楼内还挂着宋朝18位皇帝的肖像。有趣的是每个房间里都有一个里大外小的射击孔。这使得完璧楼突出了防御的建筑特色，我老公认为，它是福建土楼的雏形，或曰鼻祖。

图 2-26
完璧楼

然后，子子孙孙们假以时日，慢慢地把这里完善成了一个微型的汴
梁城。有桥、有塔、有湖。城墙是三合土的，6 米之高倒也不矮了。
只是整个城墙的周长才 1000 米。

整个城堡仿效了北宋国都开封（古称汴梁）城的规划布局，反映出
主人的贵胄身份和王朝子遗的心境。而正门朝北，意思是祖宗在北
面，虽然居民们早已说着难懂的闽南方言。

城中主体建筑为赵范府邸，它位于全城的正中心，坐南朝北，四座
同式样的建筑并列，每座房子由门厅、前厅、两庑天井、中堂、后
楼组成，面宽五间，台梁木结构，硬山顶。府邸两侧还建了三组厢房，
可能当年是住仆人吧（图 2-27）。

城墙上开有四个"城门"。所谓的城门，其实就是在墙上挖了个圆
顶的洞，上面的墙高了起来，也挖一小洞而已（图 2-28）。

图 2-27
赵范府邸

图 2-28
南城门

在城南一隅，还模仿北宋国都开封佑国寺十三层的铁色琉璃塔，建了个小石头塔（图2-29）。大约是没钱吧，这个石塔才七层，高度也比它祖宗的塔差得多了。

小小一个赵家堡能保存着一个皇室家族四百余年，实在是人类建筑史上的一大奇迹。虽然我看着觉得挺可怜的。都什么时候了，还梦想着完璧归赵呢！

2. 台北府——岩疆锁钥

说明一下，关于台北府，因为没去过，就几句简单的介绍话，也归属不了那个省，就按清朝的建制，给搁福建省里边了。

清同治十三年（1874年），琉球王国的船遭遇风浪，遇难者漂到台湾，遭台湾原住民杀害。此时日本正处在明治维新后，国力大增，一直憋着劲儿等待时机扩张领土，好容易找了这么个茬，立即出兵攻打台湾南部原住民部落。清廷闻讯后于当年5月派遣时任福建船政人臣的沈葆桢（林则徐女婿），紧急前往台湾筹办防务。

清廷因本身海防空虚，不希望与日本发生正面冲突；日军也因饱受台湾南部瘴气之苦，同时也不具备大规模对外征战

图2-29　石塔

能力，双方过了几招之后，遂签订北京专约，清朝赔点儿钱，日军撤出台湾。史称牡丹社事件。

自牡丹社事件后，沈葆桢决定在日军曾经登陆的琅峤地区设置恒春县，同时奏请完善台湾的行政划分，在台湾北部设立台北府，将淡水厅及噶玛兰厅分别改为淡水县及宜兰县。另将淡水厅头前溪以南地区单独划设为新竹县，养鸡专业户的故乡鸡笼地区也单独设厅，并改名为基隆。使北部在行政组织上的比重大为增强，以配合其在开埠以后的迅速发展。

作为一个城市，台北府建了城墙，并建四座城门。现存北门为主城门，意思是面北称臣，因此北门又称承恩门。这座门屋顶线条流畅优美，是传统的闽式。但屋顶不往出挑，看着有点别扭（图 2-30）。

图 2-30 台北府城门

三、安徽、湖北

1. 安徽屯溪镇——徽商的发源地

屯溪在黄山南,因三国时期吴国大将贺齐屯兵于溪流之上而得名(图2-31)。是一个远近闻名的古代商埠。这里地处山区,可耕地很少,因此吃粮是个大问题。幸亏当地人心灵手巧(被逼的),做出的手工品,尤其是徽墨,可以为他们换回所需的粮食等生活必需品。这便出现了徽商。

徽派建筑的特点是粉墙黛瓦马头山。马头山墙的作用一是防止片瓦被山风吹走,二是防火,邻居家着了火,不至于窜到自家。

商人们都跑出去做买卖,家里的女人孩子会不安全,因此徽商的房子,窗户都很小(图2-32)。

图 2-31
屯溪小街

所谓的窗子，比碉堡的射击口大不了多少。

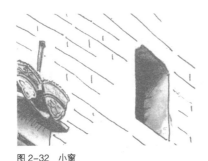

图 2-32　小窗

这座古桥建于明嘉靖十七年（1538 年），名叫镇海桥（图 2-33）。它是横江汇入率水前的最后一座桥。桥长 133 米，六墩七孔。1934 年 4 月，郁达夫去江南游玩，他租了一条小船，买够了吃的喝的，在桥下停了下来并在小船里度过了几夜。这几夜成就了他的名作《屯溪夜游记》："新安江水碧悠悠，两岸人家散若舟；几夜屯溪桥下梦，断肠春色似扬州"。

2. 荆州古城——兵家必争之地

熟读三国的人大概都记得荆州这个名字。魏蜀吴来回来去地抢这块地方，多少人为此掉了脑袋，连大意失荆州的张飞都差点抹脖自尽了。说明荆州的战略地位之重要。

图 2-33
屯溪镇海桥

古时候，这里还有一个名字叫"江陵"，因而有"一城两名"之说。李白的诗《早发白帝城》里说："朝辞白帝彩云间，千里江陵一日还；两岸猿声啼不住，轻舟已过万重山"，说的就是从白帝城（今重庆市奉节县）到600公里之外的江陵，中间还有350公里的三峡，居然才用了一天。可见长江水流之湍急。

荆州城不算大，东西3.75公里，南北直径1.2公里，面积4.5平方公里，跟如今的清华大学面积相仿。城墙周长10.5公里，高8.83米，共六座城门，每座城门上均建有城楼（图2-34）。

荆州古城墙始建于春秋战国时期，曾是楚国的官船码头和渚宫，楚成王（前671－前626年在位）还在此修筑了别宫，取名渚宫。前

图2-34
荆州古城门

278年，秦将白起攻占郢都后，建立了江陵县。汉代已有城墙。蜀将关羽、吴太守朱然，东晋桓温、梁元帝、南平王高季兴等，都对荆州进行修葺，北宋末年，城毁。南宋淳熙年间，重修城墙。元初，忽必烈下令拆除荆州城。元末，朱元璋称吴王时，派员依旧基重建荆州城。明末，张献忠率义军攻占荆州城，将城墙拆毁多半。清顺治三年（1646年），又依明代城基重新修筑荆州。瞧瞧荆州城这个多灾多难哟！都是因为所处乃兵家必争之地。荆州城现存砖城为明末清初建筑。

荆州号称有三层城墙：最外有外环道与水城环绕，其实就是护城河；然后是高9米厚10米左右的砖城墙；最里面还有古时候留下来的土城墙（图2-35、图2-36）。

图2-35
两道城墙

图 2-36　城门与护城河

砖城的城墙上有 3 座藏兵洞，24 座炮台。原有城楼 6 栋，其中 5 栋毁于战乱，仅存拱极门（大北门）城楼朝宗楼。

图 2-37 右侧有一条沟。这是做什么用的呢？原来，荆州城因为靠近长江，有时会发大水。水位最高的时候，坐在城墙顶上可以洗脚。为了保护城内居民不被水淹，当长江涨水时，会用很厚的木板插到城门洞两侧的这个槽里，用以挡水。

明代大儒张居正是荆州人，他曾登上城里的仲宣楼，并赋诗形容荆州城的雄伟辽阔道："一楼雄此郡，万里眼全开"。

图 2-37　城门洞

四、山西、辽宁

1. 山西平遥——晋商们的家

平遥古城，听说过的人不少，真正去过的不多。地处山西的它还真是一座具有 2700 多年历史的古城。

平遥在明代之前本无城墙，就是一小镇。明初，为防御外族南扰，始建城墙。但建城者姓甚名谁，无人知晓。人们都说是个有远见卓识的县官。而且这个县官看来对孔子极其尊重。城墙上除了必要的城门楼和角楼外，还有 3000 个垛口和 72 座敌楼，用以隐喻孔子的3000 门徒和 72 贤人。康熙四十三年（1704 年）因皇帝西巡途经平遥，四面筑了大城楼，使城池更加壮观。

平遥城墙总周长 6163 米，墙高约 12 米，城墙以内的街道、铺面、市楼保留明清形制（图 2-38）。

图 2-38 平遥城墙

街中心有一三层高的钟鼓楼
（图2-39）。唯一的一条商
业街穿楼而过。其他街道两侧
多数是民居（图2-40）。从
大门的样式，你可以看出主人
的贫富程度。凡有钱人家，朝
着街道的大门均为顶部发券的
宽大门口。一般小门小户人家
的门口就跟北京的四合院差不
多。这是因为大户人家要进出
马车。也因为如此，平遥城的
街道都较宽敞。当然，所谓宽
敞是相对来说的，走汽车仍然
费劲，因此自驾车去平遥的，
汽车一律要停在城外。城里用
以代步的是乘坐当地的摩托三
轮，这对保护古城和增加当地
人收入倒是很有好处。

图2-39　市中心钟鼓楼

图 2-40 平遥民居鸟瞰

2. 辽宁兴城——不灭的袁崇焕的忠魂

辽宁省南部的兴城，明代称宁远。它在山海关北偏东，离山海关足
有 200 里。那里西、北环山，东面是海，南面是一条狭窄的通道，
通往山海关。当年进犯大明的努尔哈赤虽然善于骑马，却是旱鸭子：
没有海军，因此他要想从辽东进山海关，必须先踏平了宁远城。

袁崇焕本是明崇祯时代的一名坐办公室的文职军人，在大明受到来
自北方的武力威胁时，他擅自离开办公室，跑到山海关外去守这座
城（图 2-41）。刚到宁远时，整个小城破破烂烂。袁崇焕上任伊始，
就着手建城。他定下城墙的规制：高三丈二尺，底宽三丈，上宽二
丈四尺，城墙上的防护矮墙高六尺，并按自己的设计动工改建城市
的各个重要设施。

图 2-41 袁崇焕带兵保卫宁远

袁崇焕的改建特殊的一点是城门。所有的城门楼都呈"山"字形。当中的一条突出来。这种设计是袁崇焕独创。它的好处是：敌人还在城外，此处架设大炮，可拒敌与城门之外。万一敌人冲了过来，要入城，此时突出部可打敌人两翼。敌人要是已经进了城，还可回过头来掉转枪口打他们的屁股。这是一种跟敌人玩命的设计啊！不是拼命三郎，是想不出这样英勇的方法的。

图 2-42
宁远城门

如今整个城市，包括城墙、城门楼、瓮城、牌坊都保存完好。因此吸引了不少影视剧组来这里取景（图 2-42、图 2-43）。

图 2-43　宁远城二道石牌坊

第三章　宗祠与牌坊

离别家乡岁月多,

近来人事半消磨。

惟有门前镜湖水,

春风不改旧时波。

——(唐)贺知章

我们中国人是很注重亲情的，这其中尤其提倡孝悌。人人都知道"百善孝为先"这个道理。连鼓励生孩子乃至让人纳妾（旧社会），都得拿出"不孝有三，无后为大"来说事。其实"三不孝"是孟子在评价舜结婚的事情时说的话。即不能事亲（孝养父母、爱护家人），是一不孝；不能事君（恪守本分、忠义行事），是二不孝；不能立身行道，成为有道德的贤人君子，是三不孝。也不怎么一来，就跟生孩子扯上了。

过去还有一本书，叫"二十四孝图"。虽然我对其中的一些故事不以为然，但书里表彰的孝子还是很起到了模范作用的。

提倡"孝"，是一种很好的道德自律。你干了坏事，不是怕谁谁把你罚到地狱里去，而是发自内心地觉得"对不起祖宗，没脸去见九泉之下的亲人"等。

你说了，这跟建筑有什么关系呢？当然是有关系啦，没有建筑物，比如宗祠、庙宇、牌坊，你到哪里去宣泄你的怀祖、念祖之情，又到哪里去接受祖宗的表扬或批评呢。

一、宗祠

宗祠又称祠堂、祠室、家庙，是我们中国人祭祀祖先或先贤的场所。它记录着家族的辉煌与传统，是家族的圣殿，也是我们中华民族悠久历史的象征与标志。

祠堂的普及性和重要性，类似于欧洲村子里的教堂。里面供奉的是本家祖宗的牌位或画像、相片。

祠堂分宗祠、支祠、家祠三种，其中宗祠规模较大。祠堂除了祭祖，还兼有裁判所的功能。凡违反族规的人或事，不论有理没理，都要受到族长（往往是一白胡子老头）严厉惩治。这位白胡子老头简直是一级政府，比居委会权力大多了。他甚至可以判处某族人死刑且立即执行。当然，这说的是在那万恶的旧社会。如今有法律了，族长擅自判人死刑的事不会再有了。

关于宗祠，前面的村镇章节里已经说了一些。这里再表几个。

1. 江西吉安富田王氏宗祠

北宋端拱年间（988-989 年），王家村开基祖王经信（字诚敬）由庐陵七十六都甲村迁入富田，繁衍至今已有 1200 余户、近 8000 人，并渐渐发展成为当地的大家族之一。后人为纪念开基祖，也称这祠堂为诚敬堂。

这个祠堂建成于明嘉靖六年丁亥（1527 年），历时 12 年完工，占地面积 6500 余平方米，祠堂建筑面积：长 82.3 米，宽 44.3 米，总面积为 3645.89 平方米。是江西省目前发现的最大的古祠堂，有"江西第一祠"的美誉（图 3-1、图 3-2）。

图 3-1 富田王氏宗祠之诚敬堂

图 3-2 富田王氏宗祠入口

2. 安徽棠樾鲍家祠堂

安徽省歙县棠樾，建有当地大氏族鲍氏的家族祠堂。鲍氏祠堂有男、女祠堂各一。男祠堂名《敦本堂》，敦本堂里供奉鲍姓各世祖宗。女祠堂名《清懿堂》，是鲍氏家族为了颂扬鲍氏历代烈女贞妇而建的纪念馆，它是中国少有的女祠。敦本堂（图3-3）位于安徽省黄山市歙县许村镇许村景区，建于明嘉靖年间。为福建汀州府知府许伯升而建，后为长子都福之支祠。三进五开间，规模宏大，总进深约60米，开间18米。砖砌仿牌楼式门楼，四柱五檐，楼檐下每组斗拱都有昂如象鼻伸出（图3-4）。门厅及两庑木构架为清式，中进构架乃明式，有檐下斗拱，丁字拱内藏花，瓜柱下置莲花斗。

敦本堂是木石结构，雕饰不繁，却显得精致大方。梁头出挑承檐，辅加斜撑支持，梁坨、雀替普遍使用，反映了当时通用的建筑手法。木构件的装饰也具有浓厚的地方特色：冬瓜梁的出头部分做成象头状，形态逼真，雕刻多样。

清懿堂却简单多了，就是在类似山墙的一面墙上开了个门，门上做了些屋顶样子的装饰而已，体现了重男轻女的思想。不过好赖还给女人留了一席之地，就算不错啦（图3-5）。

与祠堂同样著名的是棠樾牌坊。这也是中国人纪念名人或英雄、烈女的一种方式。

歙县的棠樾村，以出孝子贤孙和节妇出名。自明代以来，经皇帝亲自表扬而立牌坊的烈女节妇有七个之多。仅仅是一个村！这在全国绝对是首屈一指。这一大溜牌坊气势宏大，引无数电视剧到这里来取景。但我发现牌坊上的人全姓鲍。其原因是鲍家在朝内有人。朝内有人不但好做官，也好出名啊。

图 3-3 歙县棠樾鲍氏男祠堂——敦本堂

图 3-4 堂前石牌坊

图 3-5　鲍氏女祠堂——清懿堂

3. 浙江泰顺县薛氏宗祠

在浙江省南部温州市的泰顺县锦溪，有一个大家族薛氏。薛氏自五代后梁末帝龙德三年 (前 923 年) 迁基至今，已经传了三十九代。明洪武间 (1426 年)，薛氏兄弟四人的老四薛汝被分居在锦溪东岸。有一天，薛老四在神香岭看见一担子木偶戏的家伙事无人招领，便挑回家安放。后来干脆自己干了这一行，遂历代相传。

薛氏的宗祠，规模宏大，建筑细腻，显示了浓厚的江南风格和对祖先的尊重（图 3-6~ 图 3-10 ）。

图 3-6 宗祠外面

图 3-7　宗祠的二道门

图 3-8　宗祠内部，可以看出各房有各房的祖宗牌位

图 3-9
月梁上方的花饰

图 3-10
屋顶上方的装饰

下面要讲的几个宗祠都是老陈家的。要说起来，陈姓在中国不算是特大的姓，如李王张等。按人口排是第七名。但陈姓却是个很特殊的姓。特殊在于他们的文化——义门文化。

陈氏是一个多民族、多源流的古老姓氏，宋嘉祐七年 (1062 年)，由于陈氏族人过度集中，形成了地方上的压力，也有碍陈氏家族自身的生存和发展。经朝中的文彦博、包拯等大臣合议，宋仁宗准奏，决定采取双分流的办法。这年七月，由宋仁宗御赐编号，把陈氏家族财产列了 291 份，将陈氏分流至江西、河南、浙江、湖北、广西、江苏、广东、福建、山东、上海、天津等 16 个省 125 个县市，入住的田庄达 290 余处，致使义门陈氏遍植于华夏四方。这些陈氏徙居新址后，在各地几乎都建了陈氏宗祠，且家家门口都挂起"义门"灯笼。

下面我们就看几个陈氏宗祠吧。

4. 广州陈氏宗祠

广州的陈家祠始建于清光绪十四年（1888 年），建成于光绪二十年（1894 年）。光绪十四年（1888 年）七月，以陈颖川、陈世堂的名义，购买了位于西门口外总面积约 36600 平方米的地产，作为陈家祠的建筑用地和出租田地。光绪十六年（1890 年）破土动工，聘请当时岭南最好的建筑大师黎巨川来进行设计。依据书院内保存完好的一副传世楹联中的"七十二县宗盟共守"推定，是由当时广东省 72 县陈姓人氏合资兴建的合族祠堂（彩图 3-1、彩图 3-2）。

这个宗祠荟萃了岭南民间建筑装饰艺术之大成，以其"三雕、三塑、一铸铁"著称，号称"百粤冠祠"。其中两件东西里有点故事。

一曰石鼓。在古代，住宅、祠堂门前的石鼓（抱鼓石）大小、造型是与主人的地位、官职有关的。在陈家祠建筑工程进行两年后，族人陈伯陶科举考中探花，清政府特赐殊荣，允许陈氏家族在宗祠前立巨型石鼓，以示彰表。陈家祠门口的石鼓高达 2.55 米，是目前广东已发现的最大的石鼓。

二曰大门。陈家祠大门，每扇高 6.7 米，宽 2.5 米。当时曾打算每扇都用一块完整的木板做成。为此，设计师黎巨川找到一位木材商，说自己可在海南岛找到符合要求的木材，索银 200 两。黎巨川说要是他如能如期运回则给他 400 两银，先付订金 200 两。结果，那木材商伐下大树后，运不下山，白白损失了 200 两银子的保证金。最后，陈家祠的大门，只好采取三拼方法做成。

5. 福州陈氏宗祠

清嘉庆六年（1801 年），举人陈国铨与其侄子，清嘉庆年间的进士陈柱勋，被朝廷特准其在福州郎官巷建宗祠"陈氏宗祠"，永祀先祖，勉励后人。

陈氏宗祠福华堂坐北朝南，为三进堂加两侧大厢房的木构建筑。总面积共千余平方米。东边主座第一进正门造型古朴大气，门墙两侧是宽大厚实的石方柱，门顶有青石板横梁，横梁正上方镶嵌着一块青石匾，匾上用宋体刻有"陈氏宗祠"四个大字，在匾的上方有一瓦覆木质遮雨飞檐，历经两百多年飞檐仍完好无损（图 3-11）。

图 3-11　宗祠内部

石门框内有两扇对开木大门，其中一扇大门中间又套开一人行小门，石门框两侧是厚达 0.6 米的山墙，外墙面白灰涂饰（图 3-12）。进了第一进正门是天井，主座厅堂屋檐上饰有雕刻精美的雀替等木构件。第二进同样有一石门框，框上无横匾、无遮雨飞檐，第三进在杨桥路扩建时被占用，今仅余两进，但仍颇为宽敞，足见当年祖祠规格之高。

图 3-12　院门

主座厅堂西边有一小门通往次座，次座仅一进，正门为拱形门，门西墙脚上镶有一石碑，碑文：陈氏宗祠支业。进拱门有插屏门、回廊、天井、披榭及厅堂。

6. 福州螺江陈氏宗祠

螺江陈氏最早是陈广在明洪武年间（1368-1398）从新宁（今长乐玉溪）迁来，"吾螺之分支于陈店而上溯玉溪"（陈宝琛语）。至于其远祖世系，则无从稽考，便独树一帜，取居住地名而称"螺江陈氏"。
以陈广为开基祖。广号巨源，明赠征仕郎。传孙五人：曙、暄、映、
晔、暎，是为恭、从、明、聪、睿五房之祖。再传而长房又衍为三派，
合之为七房。后代子孙以此七房为祖，繁衍生息。"江山代有才人出"，
仅从明朝至清末，就出了 21 个进士，108 个举人，可谓人才济济。
其中最引人注目的是清代后期陈承裘父子四进士，陈宝琛兄弟六科
甲，真是占尽风流。陈氏子孙中，最为著名的人物，清代的有陈若
霖，清刑部尚书，精于律学，善于办案；陈宝琛，清末著名教育学家，
官至太子太傅，补正红旗汉军副都统和弼德顾问大臣。现代的有中
国海军第一任轮机中将陈兆锵；桥梁公路建设专家陈体诚；黄花岗
七十二烈士林觉民之夫人陈意映等。

螺洲陈氏宗祠，其大殿为悬山单檐，屋构为穿斗式架构（图 3-13）。
正中置放着大供桌，供桌后为大型神龛，供有列祖列宗神牌 1000 余
面。大厅为道光皇帝在陈若霖 70 岁生日时御赐的"福寿"大字匾牌，
可谓皇恩浩荡，隆宠有加。

图 3-13
宗祠正殿

陈氏宗祠给人印象最深的特色有三。

其一牌匾联对多，这里的匾联多达一百余幅，且多为名人题咏及御赐之作。如李鸿章、左宗棠、张之洞、程序等人题词，给祠堂添色不少。

其二为青漆白壁，显示出为士大夫府第，名门望族。

其三，大殿中高挂灯笼的灯杆放置于"紫微銮驾"主梁下之外侧，这与其他屋宇架构有所不同，寓意着宗族子孙只有向外发展才更有前途，显露出建祠祖先的远见卓识。

7. 浙江台州陈氏宗祠

位于浙江台州的陈氏宗祠具有清代建筑风格，建筑物保存完好，门口竖着两根高达数十米的旗杆和两只栩栩如生的大石狮（图3-14、图3-15）。

图 3-14　宗祠外

图 3-15 狮子母子

里面是一个大的四合院，正厅供奉着陈氏各代祖宗牌位，庭院内路面铺了一层鹅卵石，鹅卵石大小相仿，铺设得非常考究，不知道花了多少费用和工夫。整体建筑雕梁画栋、飞檐挑角，工艺精湛，门画栩栩如生，就连门口旗杆石柱上的浮雕都非常精致。

8. 徽州祁门闪星里陈氏宗祠

陈氏宗祠古朴凝重，激励陈氏后人去创业，彰扬陈姓后人的成就。历史上出过大人物的安徽、江西的陈姓都是从这里繁衍出去的。每年都有在外的陈姓回来祭祖。祭祖之时，宗祠香火旺盛（图3-16）；欢聚之乐，就在会源堂了。

会源堂建于明代，清朝和民国续建。在徽州，陈姓会源堂里的戏台是有名声的——四大进京的徽班，有两个在会源堂戏台上出演过。走进会源堂，宽敞明亮，明、清、民三代的承建浑然一体。坐北朝南，前为戏园，中为享堂，后做寝堂。规划布局周全，装饰精雕细琢（图3-17、图3-18）。

图 3-16　大经堂

图 3-17　主要的院子

图 3-18　另一处院子

二、牌坊

牌坊，中华特色建筑文化之一。是封建社会为表彰功勋、科第、德政以及忠孝节义所立的建筑物。也有一些宫观寺庙以牌坊作为山门的，还有的是用来标明地名的。又名牌楼。

牌坊也是祠堂的附属建筑物，昭示家族先人的高尚美德和丰功伟绩，兼有祭祖的功能。

牌坊是由棂星门衍变而来的，最早是用来祭天和祭奠孔子的。牌坊到了唐、宋，至明、清已经登峰造极，被极广泛地用于旌表功德、标榜荣耀。宫殿、庙宇、陵墓、祠堂、衙署和园林前与主要街道的起点、交叉口、桥梁等处，都建有牌坊。

还有一种看上去很类似的建筑物，叫作牌楼。常常有人分不清牌坊和牌楼的区别。要我看，牌坊更偏重于纪念性，且形制一般较简单，多为石制的。而设置牌楼一般没什么纪念意义，只是作为一种点缀。因而牌楼比牌坊要华丽得多。常常用几层屋顶且飞檐斗拱俱全。比如北京的东（西）四牌楼、东（西）单牌楼就是极好的例子。

下面，咱们来看看一般人不大知道和注意的牌坊吧。

1. 山西和顺明代兵宪石坊

在山西省和顺县城中和街北门有一座古老的石牌坊。

石牌坊全名"兵宪石坊"（图3-19）。这是明末山西监察御史刘弘光为他的上司药济众所立。跟"兵"似乎没什么关系。

图 3-19　兵宪石坊

牌坊建于明崇祯四年（1631 年）。石牌坊，由八十八块巨石建成。明间宽 3.3 米，次间宽 1.7 米，总宽 8.5 米。主坊高 9.57 米。屋顶为重檐歇山顶，由四根霸王柱支撑。每根柱前后各护有戗石两块。每块戗石上雕有一只大狮，两只小狮。也就是说，每根柱子下 "3×2" 放置 6 只狮子，四根柱子就是 24 只狮子。明间梁枋上刻 "中宪大夫昌平兵备道山东按察司付使药济众" 十九字。上层横坊刻："十八学士登瀛洲图"。再上是石匾，刻 "陵京锁钥" 四个大字。明间檐下置一竖匾，上刻 "恩荣" 二字。

2. 四川隆昌石牌坊

这个牌坊群位于四川省隆昌县境内，现存清代时期的石牌坊共 17 座
（图 3-20）。这 17 座牌坊不在一起。它们分布在隆昌县城北关和南关，
其中北关有 7 座，南关有 6 座，另有 4 座分布在附近村镇。在我国
其他省份也有石牌坊，甚至也成群结队的，但唯有隆昌的石牌坊群
是呈规模、分类别出现的，且建造工艺精湛、造型端庄、雕刻精细、
保存完好、寓意深远，实属全国罕见，具有很高的民俗史料价值和
完美的艺术价值。

这 17 座石牌坊有着 17 个动人的故事。每座牌坊的正门上面分别刻
有不同的碑文。无论是功德牌坊、警示牌坊、节孝牌坊还是百寿牌坊，
在修造、雕刻、篆写文笔等方面都极其讲究（图 3-21、图 3-22）。

图 3-20
四川隆昌南关
牌坊群

这些牌坊均建造于清道光十八年（1838年）至清光绪十三年（1887年）的49年间，历经道光、咸丰、同治、光绪四个朝代。其建筑格式大多为四柱三门三重檐、五滴水、三开间牌楼式清石仿木结构建筑（图3-23~图3-26）。

图3-21 南关石牌坊局部

图3-22 南关牌坊之节孝牌坊

图 3-23　隆昌单个牌坊之一。屋顶简单了些　　　　　图 3-24　隆昌单个牌坊之二

图 3-25　南关牌坊细部　图 3-26　隆昌另一处牌坊

3. 道县石牌坊

道县石牌坊位于浙江省永州道州县城内寇公街，创建于明神宗万历四十六年（1618年），为明朝进士何朝宗而建，又名"恩荣进士"坊。坊高 11 米，面间 6.6 米，全用细砂石坊木结构建造。坊楼阁式，四楼三重檐，坊额浮雕图案构思巧妙，雕工精细，丹凤、游龙、雄狮、流云、人物故事镂雕栩栩如生（图 3-27）。

但究竟 400 岁了，又地处偏僻不受重视，风化得比较厉害。

图 3-27 道县石牌坊

4. 上海宝山罗店镇钱世桢墓石牌坊

钱世桢（1561-1642）是明朝人，他生于嘉定区东钱宅（今属上海宝山区月浦镇）。他最出色的功绩是万历二十年（1592 年）参加明朝的抗日援朝战争。万历二十二年（1594 年）又在海上防倭，历任江南金山、常镇参将。

钱世桢的墓位于上海宝山区罗店镇毛家弄村三树南路以东，圃南路以南，北靠练祁河支流。墓南向，原占地面积约 20 亩，有祭台和甬道，两侧分列翁仲石马，并植有银杏树多棵。现存石牌坊、祭台和两颗银杏树。石牌坊简单明了，没有什么雕刻（图 3-28）。

图 3-28 钱世桢墓石牌坊

5. 安徽棠樾牌坊

安徽省歙县的棠樾村的七连座牌坊群，不仅体现了徽派文化程朱理学"忠、孝、节、义"伦理道德的概貌，也包括了内涵极为丰富的"以人为本"的人文历史，同时也是徽商纵横商界三百余年的重要见证。每一座牌坊都有一个情感交织的动人故事。乾隆皇帝下江南的时候，曾大大褒奖牌坊的主人鲍氏家族，称其为"慈孝天下无双里，衮绣江南第一乡"（图3-29）。

棠樾牌坊群是明清时期建筑艺术的代表作，虽然时间跨度长达几百年，但每座牌坊的建筑风格却浑然一体。歙县棠樾牌坊群一改以往木质结构为主的特点，几乎全部采用石料，且以质地优良的"歙县青"石料为主。这种青石牌坊坚实，高大挺拔。既不用钉，又不用铆，石与石之间巧妙结合，可历千百年不倒不败。

图3-29　歙县的棠樾牌坊群

我们去时正值细雨绵绵，牌坊们默默地矗立着，使人对那些年纪轻轻就守寡的可怜的徽州女人生出许多同情。为了这些冰冷的石头柱子，葬送了多少年轻女子的一生啊（图3-30）。

图3-30　清1787年立的节孝坊

6. 安徽歙县许国牌坊

还是在安徽，也是在歙县，还有一座著名的牌坊，名叫许国牌坊。这座特殊的牌坊位于徽州古城的正当中。为什么说它特殊呢？这里头有一个真实的故事：

许国是歙县最有名的人物。明代隆庆年间曾出使朝鲜。万历年间当了九年礼部尚书，官至太子太保。万历为表彰他对朝廷的忠心，准了他一个月的假，回家给自己建个牌坊（类似外国的记功柱或凯旋门）。许国想：所有的牌坊都是四个柱子的一扇平板，我总得造得特殊点吧。于是在他的授意下，在徽州城的十字街口，造了个前无古人，后无来者的八根柱子，平面为矩形的又高又大的石头牌坊。为了使柱子稳定性好，每根柱子的根部加了个石狮子。四根角柱再多加一个，总共十二个姿态各异的石狮子。

造好之后，许国半得意半惶恐地回京去了。万历问道："你怎么去了这么久，别说四柱牌坊了，八柱牌坊也造起来啦！"许国假装顺从地低头答道："启禀万岁，臣正是按万岁您的意思，造了个八柱牌坊。"聪明的他凭着这句话，躲过了僭越之罪，还保留了这个前无古人、后无来者的牌坊（图 3-31~ 图 3-33）。

图 3-31　雨中的许国八柱牌坊

图 3-32　牌坊柱子的石狮之一

图 3-33　牌坊柱子的石狮之二